KB042057

판박이

판박이

초판 1쇄 인쇄일 2018년 10월 16일
초판 1쇄 발행일 2018년 10월 24일

지은이 정혁종
펴낸이 양옥매
디자인 송다희
교 정 임수연

펴낸곳 도서출판 책과나무
출판등록 제2012-000376
주소 서울특별시 마포구 방울내로 79 이노빌딩 302호
대표전화 02.372.1537 팩스 02.372.1538
이메일 booknamu2007@naver.com
홈페이지 www.booknamu.com

ⓒ 2018. 정혁종 all rights reserved.

ISBN 979-11-5776-629-1(03810)

이 도서의 국립중앙도서관 출판시도서목록(CIP)은 서지정보유통지원 시스템
홈페이지(http://seoji.nl.go.kr)와 국가자료공동목록시스템
(http://www.nl.go.kr/kolisnet)에서 이용하실 수 있습니다.
(CIP제어번호 : CIP2018032455)

*저작권법에 의해 보호를 받는 저작물이므로 저자와 출판사의 동의 없이 내용의 일부를
 인용하거나 발췌하는 것을 금합니다.
*파손된 책은 구입처에서 교환해 드립니다.

판박이

하룻밤 풋사랑

한 남자를 24년간 기다린 지고지순한 사랑

정혁종 지음

책과나무

1

하룻밤 풋사랑

1

다소 흔들거리는 시내버스가 어느 정류장에 정차하자마자, 꾸벅꾸벅 졸고 있던 젊은 남자가 깜짝 놀라면서 뛰다시피 버스에서 내렸다. 그는 시내에 나갔다가 버스를 타고 돌아오는 길에 깜박 졸다가 늘 내리던 버스 정류장을 지나쳐서 다음 정류장에서 내리게 되었다. 거기서 내렸어도 삼사백 미터 정도 지나온 거라 걷기에 큰 어려움은 없었다.

겨울철 싸늘한 바람이 불어와서 옷깃을 여미게 하고 하늘은 곧 눈이 내릴 것처럼 흐려지고 있었다. 이 젊은 남자의 이름은 현상철(玄想哲)이며 Y대학교 수학과 2학년이다. 상철은 곧바로 경사진 언덕길로 들어서서 몇 분인가 걸었는데 웬일인지 피로감이 들었다.

'선잠 자다가 깨었나, 왜 이렇게 나른하지.'

이러면서 천천히 발걸음을 옮기는데 문득 다방 간판이 눈에 들어왔다.

"달무리 다방."

다방은 언덕길에 있는 작은 건물 이층에 있었다. 일층은 구멍가게였는데 언덕길에 세운 건물이라 평지로 보면 사오층쯤 되어 보이는 곳이었다. 이 길로 올라가도 자취방에 갈 수 있기에 상철은 되는대로 그길로 올라갔다. 그런데 갑자기 커피향이 코끝을 자극하였다.

담배도 피지 않고 술도 그리 좋아하지 않는 상철에게 유일한 기호식품이 커피였는데 그 커피향이 코끝을 자극하면서 나른하였던 몸이 깨어나는 것만 같았다.

'으흠, 이런 다방에서 고급 커피를 내리는 모양이네. 한번 가볼까.'

상철에게 이런 마음이 들자마자 그의 발길은 저절로

판박이 •

이층 계단을 오르고 있었다.

"어서 오세요."

아주 앳된 여자가 인사를 하면서 상철을 맞이하였다.

이런 다방이 다 그렇듯이 오래된 탁자와 의자가 있었고, 난롯가에 있는 중년 남자들은 담소를 나누는 모양이었다. 카운터에는 주인 마담으로 보이는 사십쯤 먹어 보이는 여자가 역시 웃으면서 "어서 오세요. 밖이 춥지요." 하고 초면 인사를 하였다. 상철은 대답도 하지 않은 채 창밖이 보이는 곳으로 가서 의자에 털썩 주저앉았다.

곧바로 스무 살 초반으로 보이는 여자가 따뜻한 보리차 한 잔을 가져다주면서 "무엇을 드릴까요?" 하고 물었다. 상철이가 얼핏 보니 이런 데 있을 만한 여자로 보이지 않는 미모를 가지고 있었다. 다소 큰 눈에 서글서글한 눈매와 오뚝한 코. 그녀가 가지런한 입을 살짝 벌리면서 웃음을 보이니 누구라도 첫눈에 반할 만하였다. 하지만 상철은 그럴만한 심적인 여유가 없이 착잡

하기만 했다.

"커피요."

"네."

아가씨가 주문을 받아 돌아갔고, 상철은 그제야 주위를 둘러보았다. 커다란 연탄난롯가 옆자리에 중년 남자 두 명이 앉아있었고 그 앞에 주인마담과 다방 아가씨가 앉아서 시시덕거리고 있었다. 예전에 커피를 파는 곳은 다방뿐이었는데 언제부터 커피숍이라는 간판이 내걸리면서 조금 비싼 고급 커피를 팔기 시작하였다. 이렇게 되어서 손님들이 양분되기 시작했는데 다방은 주로 나이 먹은 사람들이 드나들고 커피숍은 젊은 사람들이 드나들게 되었다. 상철이 역시 젊은 사람이었기에 이런 다방은 좀처럼 찾질 않는다. 게다가 유일한 기호식품인 커피에 대해서는 나름대로 일가견이 있었기에 시간이 되면 커피숍을 찾아가다가 오늘은 우연찮게 여기 '달무리' 다방에 오게 된 것이다.

그런데 다방과 커피숍의 차이는 또 있다. 대체로 다

방의 의자는 소파 의자처럼 푹신하여 편안한데 커피숍의 의자는 학교 의자처럼 각이 지고 쿠션이 없어서 편안하질 못했다. 그리고 또 하나는 다방은 이렇게 마담이나 아가씨와 잡담을 할 수도 있으나 커피숍은 그런 여자들이 애초에 없었다. 서빙도 손님들이 각자 해야 해야 했다.

지금 저렇게 난롯가에서 노닥거리는 중년남자들은 공짜가 아니다. 대체로 조금 비싼 쌍화차나 인삼차 등을 마담과 아가씨에게 사주고는 합석을 한다. 지금 세상의 관점으로 보면 성희롱이니 뭐니 난리를 치겠지만 당시에는 예사로이 손도 만져보고 엉덩이도 만져보고 조금 과할 경우는 가슴도 만져보곤 했다. 짓궂은 손님은 팁이라면서 가슴에 돈을 찔러 넣어주기도 하였다. 그래도 아가씨들은 웃어가면서 이를 받아들였다. 왜냐하면 돈이니까. 아무튼 지금으로서는 이해할 수 없는 독특한 다방 문화가 존재하고 있었다.

하지만 상철은 이런 다방 문화를 잘 몰랐다. 그냥 아

가씨가 서빙하고 가끔 손님들의 비위를 맞춰주면서 커피를 파는 곳 정도로만 알고 있었다.

 곧바로 아가씨가 커피 한 잔을 가져다가 탁자 위에 올려놓았다.

 "맛있게 드세요."

 아가씨는 이 한마디만을 남겨둔 채 다시 난로가 옆자리로 갔다. 이때 상철은 왠지 모를 피로감과 나른함에 잠시 눈을 감고 있었다. 눈을 뜨고 탁자를 보니 김이 모락모락 나는 커피 한 잔과 그 옆에 앙증맞은 작은 용기에 담은 연유와 설탕이 놓여 있었다. 이제 적당히 연유와 설탕을 넣고 찻숟가락으로 저으면서 녹이면 되는데, 커피향이 매우 구수하였다.

 '으흠, 이런 다방에서도 고급 커피를 사용하는 모양이네.'

 상철은 내심 만족을 하면서 커피 향을 음미하고, 커피맛을 보았는데 신식 커피숍과는 또 다른 독특한 맛이 났다. 이 다방에선 싸구려 커피를 쓰지 않는 모양

판박이 •

이었다. 의외였다. 그러면서 커피숍의 거의 반 가격이 었다.

상철은 크게 만족했다. 그러다가 우연히 창밖을 보았는데 잔뜩 찌푸린 하늘에선 눈이 내리고 있었다. 그러니까 금년 첫눈이었다. 눈송이가 크진 않지만 눈은 눈이다. 곧바로 손님들도 알아채고는 "첫눈이다."라면서 여자 두 명이 호들갑을 떨고 아가씨는 창문으로 와서 문을 열어보면서 반기었다. 성격이 쾌활한지 아니면 손님들 앞에서 오버 액션 하는 것인지는 모르겠지만 아이들처럼 첫눈을 반기고 있었다.

상철은 혼자서 커피를 마시다가 문득 자리에서 일어나 반대편에 가서 앉았다. 이쪽 편에서 앉아서 저절로 눈에 들어오는 그네들이 보기 싫었던 것이다. 등 돌려 앉으니 창밖과 탁자밖에 눈에 들어오지 않았다.
눈발이 조금 굵어져서 빗살처럼 내리고 있었다.

그렇게 상철은 그곳에서 거진 한 시간을 보내고 자리

에서 일어났다. 마담이 일어서더니 "또 오세요."라고
인사를 하고 아가씨는 문밖까지 배웅 나와서는

"다음에 또 오세요."라고 인사를 건네면서 웃어 보
였다. 상철은 이렇게 인사를 하는 아가씨를 다시 한 번
쳐다보았다. 도저히 이런 곳에 있을만한 용모가 아닌
해맑은 모습에 키도 컸다. 상철은 맞인사로 "네." 하고
는 돌아섰다.

"아이구야, 눈이 더 내리네, 언덕길에 눈 쌓여서 미
끄러워지기 전에 빨리 가야겠다."

여기 아리동은 작은 동산 같은 지형이 모두 주택가로
개발되었는데 아파트는 저쪽 편에 있고 이쪽은 단독 주
택과 주로 연립 주택이라고 부르는 다세대 주택뿐이다.

상철은 이곳에서 칠팔 분쯤 걸어 올라가서 연립 주택
3층에 자취방이 있다. 애초에 서울에 왔을 때는 하숙을
했었는데 혼자 있기를 좋아하고 떠들썩한 것을 싫어하
는 상철은 겨우 3개월을 하숙하고는 부모님에게 부탁
하여 여기 자취방을 얻게 되었다.

자취방이라고 해서 흔히 단칸방에 세 들어 사는 것이
아니라 3층 전체를 통째로 전세 얻었다. 18평짜리인데
주인은 2층에 산다. 1층과 4층은 또 다른 사람들이 살
고 있었다. 상철이가 사는 집은 전에 신혼부부가 살았
었는데 남자가 지방으로 발령을 받아서 이사를 갔다고
한다. 그러니까 방 두 개에 거실, 욕실이 있는 집에 혼
자 살고 있는 것이다. 여기가 조금 언덕길에 있어서 다
소 불편하긴 했지만 그보다는 편한 것들이 더 많았기에
여기로 방을 얻었다. 버스 몇 정거장이면 학교도 가고
아래로 내려가면 작은 시장과 음식점들이 즐비해서 많
이 돌아다니지 않아도 먹을거리 걱정은 하지 않아도 되
는 곳이었기에 나름대로 만족을 하면서 지내고 있다.

상철이가 집에 다 와서 삼층 계단에 올라서는데 집
안에서 전화벨소리가 요란하다. 이때만 해도 핸드폰이
보급되기 전이었고 대신 삐삐라는 게 있어서 서로 연락
을 주고받았다. 그런데 상철은 삐삐를 가지고 있지 않
았다. 왜냐하면 남에게 구속되는 듯해서였다. 사실 그
다지 연락을 주고받을 사람들도 없었다. 집이나 몇 안

되는 친구들뿐이었기 때문이다.

"여보세요?"

"응, 나야. 민수야."

"어 그래, 뭐 하니?"

"그냥 죽치고 있지 뭐, 밖에 눈 온다."

"눈 오더라. 왜 첫눈 올 때 데이트 약속 잡아놓았
냐?"

"하하하, 그러면 얼마나 좋겠냐. 지금 마음이 싱숭생
숭하다. 시간도 잘 안 가."

"하긴, 나도 그렇다."

민수는 상철과 같은 수학과 2학년으로 친한 친구이
다. 이들이 지금 싱숭생숭한 것은 바로 내년 1월에 군
입대를 하기 때문이다. 대부분의 학생들이 1학년을 마
치고 입대를 하거나 아니면 졸업 후에 입대하는데, 졸
업 후에는 나이 먹어서 쫄병 노릇하기 힘들다면서 대체
로 1학년을 마치고 입대하는 분위기였다. 하지만 그것
도 선뜻 내키는 일은 아니었다. 민수와 상철도 고민을

거듭하다가 시기를 놓쳤다. 이 둘은 더 늦기 전에 입대해야 한다고 하여 2학년을 마치고 입대하기로 결정하였기에 입대일자도 같아서 내년 1월 7일이었다.

"별로 할 일 없으면 운전면허 딸래? 너 면허 없지?"

"응, 없어."

"지금 우리또래들 거지반은 면허 있다. 집에서 빈둥대느니 학원에 다니자. 매일같이 멍 때리는 것보다야 보람 있는 일이다."

"그럴까? 학원비 비싸지 않을까?"

"아이참, 비싸봐야 얼마나 비싸겠냐. 부잣집 아들이 돈 타령을 다 하네. 아마 몇 십만 원 정도 할 걸, 최종 면허 취득까지 말이야."

"아참, 맞아, 그런 모양이더라, 지난여름에도 누가 면허 땄다고 그랬는데 난 관심 없어서 자세히 안 물어봤네."

"네가 가겠다면 내가 다 알아봐놓을 테니 돈 가지고 나와, 신용카드도 된다니까 그걸 가지고 오든지. 나 혼자 학원 다니려니 심심해서 그래."

"그럼, 그래 볼까? 그럼 언제부터 다니는데?"

"특정한 날이 없는 모양이야. 당장 내일부터 다녀도 될 걸. 아무튼 내가 전화해서 더 알아볼게. 어때? 내일부터라도 다닐 거야?"

"글쎄, 얼마나 다녀야 면허 딸까?"

"빠르면 열흘 이내에 따는가봐. 날짜는 널널하잖아. 내일부터 시작하면 금년에 면허 따는 거야. 앞으로는 차들이 많아진댄다. 돈 많은 자식들 차 끌고 다니는 거 봤잖아. 어쩌면 우리에게도 그런 혜택이 올지도 몰라. 그러니까 시간 있을 때 미리미리 따자, 나중에 애들 왕창 몰리면 면허 따기도 어렵게 될 거야."

"그러게. 그 말도 맞다. 내가 면허 따면 당장 아버지 차라도 끌고 다녀야겠다."

"하하하, 그래라, 끌고 다니다가 잘 안주면 아버지가 차를 다시 사실 거다. 그럼 저절로 차 한 대 생긴다."

"하하하, 이론이 그렇게 전개되는 건가. 하하하. 진짜 네 말대로 앞으로 차들이 많이 보급된다고 아버지도 여러 차례 말씀하셨어."

"아 글쎄. 그렇다니까. 네 아버지가 선견지명이 있으

판박이 •

신 분이야. 주유소 운영해서 대박 났다면서. 예언자이
시다."

"그런 면도 있긴 하지, 사업 수완이 남달라, 먼저 보
고 먼저 차지해야 한다고 말씀하셔."

"맞아, 그런 마인드가 있어야 해. 아무튼 어떻게 할
래? 내가 여기저기 알아볼 테니 당장 내일이나 모레부
터 학원 나갈 수 있어?"

"그러자, 할 일 없이 빈둥대는 것보다야 훨씬 생산적
인 일이다."

"오케이. 알아보는 대로 전화하마."

"으응, 그래."

한 시간 후쯤에 민수에게 다시 전화가 왔는데 오늘이
일요일이고 시간이 늦어서 학원 전화가 안 된다고 했
다. 내일 알아보고 모레 화요일부터는 나갈 수 있으니
사진하고 돈만 준비하라고 했다. 카드 결제도 된다고
하였다.

다음날 민수는 여기저기 알아보았는지 신세계 자동
차 운전면허 학원으로 나가자고 연락이 왔다. 상철이

가 버스를 타면 삼사십 분 정도 걸리고 자기도 그 정도 걸린다는데 거기가 집에서도 가깝고 친절하고 합격률도 높다고 하였다.

화요일 아침 일찍 일어난 상철은 버스를 타고 신세계 자동차 운전면허 학원으로 나갔다. 민수도 방금 도착했다는데 둘은 서로 매우 반기었다. 마치 무인도에서 사람을 만난 격이었다. 면허 취득은 먼저 학과 시험이라고 해서 이론 공부를 해서 필기시험에 합격해야 한다는 것이다. 상철은 처음이라 생소했지만 워낙 타고난 머리가 좋아서인지 별 어려움이 없었다.

"이야, 자동차 용어가 생소하다."

"하하하, 맞아, 무슨 외계어 같아. 보다보면 익숙해지겠지. 너무 걱정 마, 시험문제가 문제은행이라 똑같이 나온다니까."

"그으래? 문제은행이라구? 그러면 알건 모르건 달달 외우기만 하면 되겠네."

"그래, 먼저 면허 딴 애들에게 물어보니까 그냥 문제

보고 답만 알면 된다나봐."

"히야, 이런 시험도 다 있네. 잘 몰라두 독학하면 되겠네."

"그럼, 거기 문제 아래에 설명도 있잖아, 어차피 운전하려면 그런 용어를 알아두어야 할 테니까 정성껏 공부해. 너무 겉넘지 말고, 특히 도로교통법은 진짜로 알아두어야 한다고 하더라."

"오호, 그렇지, 운전하는 사람들 툭하면 딱지 뗀다고 투덜대던데. 딱지 안 떼게 법을 좀 알아야지."

"맞아, 그런 생각을 갖고 문제를 보라구."

둘은 점심때쯤 교육을 마치고 구내식당에서 파는 김밥과 라면을 먹고는 각자 헤어졌다. 내일 아침에 또 나오면 되는 것이다. 이렇게 해서 학과 시험에 합격하면 곧바로 운전 연습에 들어간다는 것이다.

버스를 타고 집에 돌아오는데 상철은 또 윗 정류장에서 내렸다. 어쩐지 달무리 다방에 마음이 끌려서였다. 한가롭게 커피 한잔이나 마시면서 운전면허 학과 시험 공부나 해볼 요량이었다. 집에 가서 혼자 궁상을 떨면서 있는 것보다는 나을 것 같았다. 평상시 혼자 있기를 좋아하는 상철의 마음이 저절로 약간 변했는데 상철은 그런 자신을 모르고 있었다.

"어서 오세요."
"또 오셨네요."
마담과 아가씨가 다소 호들갑을 떨면서 반갑게 맞이하였다. 상철도 미소를 지으면서 먼저 앉았던 자리에 가서 앉았다. 오늘은 지난번보다 손님이 많아서 탁자 세 개에 손님이 칠팔 명 정도 있었다. 자기들끼리 이야기를 하는지 마담은 주방에 들어가서 차 준비를 하고 아가씨는 홀 서빙을 하고 있었다.

'오늘은 노닥거리는 아저씨들이 없는 모양이네.'
상철은 커피를 시키었고 곧바로 아가씨는 커피를 갖다 주고는 주방으로 들어갔다. 오늘은 주방에 일이 많은지 마담과 아가씨가 모두 거기에서 무슨 일인가를 하고 있었다.

판박이 •

상철은 "장판지"라는 별명이 붙은 8절지 문제집을 처음부터 차근차근 읽어보면서 가끔은 연필로 표시도 하곤 했다. 그렇게 얼마간을 보았는데 저절로 눈이 감기려고 하기에 자리에서 일어섰다. 여기에서 꾸벅거리면서 졸 수도 있었지만 어쩐지 거북스러운 모습을 보일까봐서 일어선 것이다. 아가씨가 또 배웅까지 나오면서 다음에 또 오라고 했고 상철도 그저 "예." 하고 대답을 하곤 집으로 올라왔다.

집에 와서 낮잠을 자려고 했는데 웬일인지 허적거리고 올라오는 동안에 잠이 깬 모양이었다. 그래서 소파에 털썩 앉아서 TV를 켜고는 채널을 이리저리 돌리다가 무슨 외국영화가 나오길래 거기에 채널을 고정시켰다.

학원에 나가는 첫날을 이렇게 보내고, 다음날부터 며칠간 같은 일과가 반복되었다.

학원 갔다가 오고, 달무리에 들러서 장판지를 들여다보곤 집에 오거나 아니면 근처 식당에서 저녁을 사먹고 집에 들어왔다.

　금요일.

　학원에 나간 지 4일째 되는 날, 상철과 민수는 운전 면허 필기시험에 합격했다. 둘은 너무 기뻐서 저녁식 사를 하고 술을 마시고 오래간만에 노래방에 가서 소리 도 질렀다. 지금 쌓여있는 스트레스가 아니라 앞으로 쌓일 스트레스를 미리 푸는 격이었다. 이러느라고 상 철은 달무리에 가지 못했다.

　토요일.

　상철은 운전 면허학원에 가서 운전 연습을 했다. 매 우 조심스럽고 어색했으나 금세 적응이 되면서 운전을 배우고, 전날과 같이 민수와 점심을 먹고 헤어졌다. 상 철은 또 저절로 발길이 달무리로 향했다. 코와 입은 커 피향을 쫓았지만 마음은 다방 아가씨에게로 가 있었는 데 상철은 크게 인지하지 못했다. 주변에 여학생이 없 는 것은 아니었으나 어찌된 노릇인지 가깝게 지낼 만한 여자 친구는 없었다. 남들이 놀림조로 말하길 옥떨메

(옥상에서 떨어진 메주, 못생긴 여자)나 수학과에 간다고 하더니만 아닌 게 아니라 과 선후배를 보아도 대부분 찌그러진 모과상이었다. 미팅도 몇 번 나갔는데 거기서도 선뜻 마음에 드는 여학생이 없어서 더 이상 진도를 나가지 못했다. 타 학교 어떤 여학생이 애프터 신청을 하긴 했으나 상철은 마음에 없어서 바쁘다는 핑계로 거절했더니 더 이상 연락이 없었다.

친구들은 그런 상철더러 "너, 꼭 결혼 배우자감 찾는 것 같다. 그럭저럭 알고 지내면서 데이트하다가 싫증나면 그만 두면 되잖아."라면서 핀잔을 주었으나 상철은 그래도 여자들에게 적극적으로 나서지 않고 있었다. 워낙 혼자 있기를 좋아하는 편이어서 혼자서도 잘 지내고 있었다. 요즘말로 혼밥, 혼술이 익숙하고 편했다.

그런 상철이 하류 직업이라고 볼 수 있는 다방 레지(lady의 일본식 엉터리 발음)에게 마음이 끌리고 있었다. 그녀의 본명은 모르겠으나 마담이 가끔 "애니야"라고 부르는 것으로 보아서 별명이 "애니"인 것은 알게 되었다. 어쩌면 본명도 애니일지 모른다. 앞에 성씨만 붙이면 되니까. 김씨면 김애니가 되는 것이고 이씨면 이애니가 되는 것이다.

'김애니, 이애니, 최애니. 박애니, 정애니, 한애니, 손애니. 강애니…. 하이구야, 우리나라 성씨가 이백여 개나 된다는데 그중에 어느 성씨일까.'

상철은 공상을 하면서 히죽거렸다.

조용히 다방문을 열고 들어섰는데 아무도 반기는 사람이 없다. 눈을 급히 돌려보니 카운터에 주인 마담이 없고 다방 아가씨가 난롯가에 앉아서 기타를 치고 있는데 이제 막 초보로 배우는지 엉성하기 짝이 없이 말 뛰는 소리가 간간히 났다. 그 아가씨는 지금 기타에 골몰해서 상철이 들어오는지도 모르고 있었다.

상철은 방해하고 싶지 않아서 조용한 걸음으로 늘 앉던 창가 자리에 앉았다. 지난번까지는 운전면허 시험 때문에 문제집을 가지고 와서 들여다보았으나 지금은 학과 시험에 합격했기에 읽기 쉬운 수필집을 들고 다녔다. 그렇게 앉아서 수필집 한 페이지 정도 읽는 참인데, 애니라고 불리는 그 아가씨가 벌떡 일어서면서 호들갑스럽게 다가왔다.

"어머나, 손님이 오시는지도 몰랐네. 죄송해요. 잠깐만 기다리세요."

이러더니 뜨거운 보리차 한 잔을 작은 쟁반에 올려왔다.

"죄송해요. 오시는지도 몰랐네요. 호호호. 커피 드릴까요?"

"괜찮아요. 기타 배우는 모양이네요."

"배우려고 하는데 잘 안 되네요, 아직 학교종도 못 치네요."

"처음엔 그래요. 무조건 하다 보면 어느 시점에서 실력이 오릅니다."

"어머나, 그래요? 그럼 기타 칠 줄 아세요?"

"조금 알지요."

"옴마나, 잘 되었네. 저 좀 가르쳐 주세요. 저 기타가 마담 언니가 배우겠다고 사 놓은 것인데 언니도 학교종하고 과꽃하고 동요 몇 개를 떠듬거리면서 칩니다. 박자도 못 맞추어요."

"하하하, 가르쳐주는 선생님 없이는 잘 안 될 겁니다. 독학이 쉽지 않아요."

"호호호, 맞아요. 그런데 대학생이세요? 대학생 같아 보이는데. 저번엔 운전면허 시험 책을 가지고 오시던데. 면허 시험 보시나요?"

"눈매가 예리하시네요. 둘 다 맞습니다. 면허 시험은 지난번에 학과 시험을 합격해서 더 이상 이론 공부는 하지 않고 학원에서 운전 실기 연습을 하고 있습니다."

"오호, 그렇군요. 진작에 물어보고 싶었는데 숫기가 없어서 못 물어보았네요. 호호호."

"하하하, 그러세요? 하하하."

상철이 볼 때는 숫기가 자기보다 백배는 넘어 보이는데 자기 스스로 숫기가 없다고 말하니 웃음이 터져 나왔다. 그러나 그 여자가 한 말은 사실이었다. 겉보기엔 호들갑스러운 것 같았으나 상철을 처음 보는 순간부터

얼음이 되다시피 하여 이제까지 말 한번 제대로 붙여보지 못했던 것이다. 사실 상철의 첫 인상은 다소 냉랭해 보였기에 처음 보는 사람은 선뜻 먼저 말을 붙이길 꺼렸다. 그런데다 상철은 원래 타고난 성격이 여자에게 먼저 말을 붙여볼 용기가 없는 위인이었다. 그 아가씨는 스스로 무안했는지 자리에서 일어나서 커피를 가져오고, 기타도 가져왔다.

"이게 음이 제대로 맞질 않아요. 음을 맞추려고 하면 더 이상한 소리만 나네요."

"그런 거 같네요. 아까 들어보니 조율이 안 된 것 같아요. 내가 음을 맞추어볼게요."

"아이고, 고마워요. 여기 오시는 손님들 아무도 모르던데. 오늘 아주 훌륭한 스승님을 만나네요."

"그 정도는 아닙니다. 조금 알죠."

기타를 받아든 상철은 의자의 팔걸이 때문에 자세가 나오질 않았다. 팔걸이에 기타가 걸리는 것이다.

"의자를 바꿔 앉아야겠네요. 기다란 소파의자 같은 건 없나요?"

"있어요. 저쪽에 있어요. 그리로 갈까요?"

"그래야겠어요. 기타가 의자 팔걸이에 걸리네요."

이런 일인용 소파 의자에선 엉덩이를 앞으로 쭈욱 빼서 끝에 걸터앉으면 기타를 칠 자세가 나오긴 하는데 매우 불편했기에 기다란 소파로 이동하려는 것이다. 구석진 곳에 기다란 이삼인용 기다란 소파가 있고 맞은편엔 역시 일인용 소파 두 개가 있었다. 기다란 소파에 앉아 있으면 뒤편으로 홀이 보이지 않고 벽을 쳐다보는 모양새였다.

상철은 거기로 가서 능숙한 솜씨로 기타를 조율했다. 여섯 개 줄이 제멋대로 음이 나왔는데 어떻게 기타를 쳤는지 몰랐다. 그래서 아까 듣기에도 분명히 학교종 같은 음인 것 같은데도 그런 음으로 잘 들리지 않고 박자도 맞질 않아서 말이 뛰는 듯한 소리만 들려왔던 것이다. 아가씨는 신기한 듯 상철과 기타를 번갈아 쳐다보았다.

이윽고 조율이 되었는지 "솔솔라라, 솔솔미, 솔솔미

미레…" 하고 학교종을 치니 의외로 맑고 청아한 기타 음이 울려 퍼졌다.

"옴마나, 이렇게 좋은 소리가 나네. 기타 고수이신가 봐요."

"고수는 아니고 애창곡 몇 곡은 칩니다."

"그래요? 한번 들려주세요."

상철은 고등학교 1학년 때 아는 선배로부터 기타 기초를 배우고 그 후로 틈틈이 연습을 하여 웬만한 동요, 쉬운 가곡이나, 포크송, 캠프송, 세미클래식 등을 연주할 수 있었다. 타고나길 손가락이 가늘고 길어서 기타 연주에 최적의 손이라고 선배에게 칭찬을 들었던 터였다. 처음에 몇 달간은 매우 힘들었는데 어느 정도 익숙해지니까 연습만 하면 한 곡을 마스터할 수 있게 되었다. 혼자 놀기를 좋아하는 상철에게 기타는 절친한 친구였다.

상철은 손가락을 풀 겸 쉬운 동요를 두곡 연주하고 나서 곧바로 세미클래식으로 들어갔다. 이건 신경을 써서 연주해야 하는 곡이었다.

제일 먼저 학생들에게 널리 알려진 '소녀의 기도'를 연주하고 곧바로 '엘리제를 위하여' 그리고 난이도가 있는 '로망스'를 연주했다.

다방 아가씨는 입을 벙긋거리고 감탄하면서 어쩔 줄 몰라 했다. 내버리기 직전의 기타에서 저렇게 아름다운 음악이 나오다니 믿을 수 없었다. 상철의 가는 손가락으로 코드를 짚어가면서 연주하는 모습에 혼이 다 뺏기다시피 하고 왼쪽 새끼손가락에 낀 작은 반지가 너무 앙증맞아서 입으로 쪼옥 하고 빨아보고 싶었다.

"어머, 어머, 진짜 고수네요. 이렇게 잘 치다니. 너무 좋아요."

"그냥 틈틈이 연습하면 됩니다."

"그럴까요? 기초라도 알려줘 봐요."

"그러지요. 도레미는 알지요? 그냥 건성으로 하지 말고 손가락으로 꼭꼭 눌러가면서 줄을 튕기면 맑은 음이 나옵니다. 그냥 대충 누르니까 둔탁한 소리가 나지요."

"예, 한번 해볼게요."

아가씨는 기타를 받아들고는 아는 대로 쳐보려는데 상철이 보기엔 어색하기 짝이 없다. 몇 개 코드도 잡아야 하는데 손가락 모양도 제멋대로여서 소리가 나질 않는 것이다. 그렇게 하다가 저절로 아가씨의 손가락을 잡아가면서 이렇게 해라 저렇게 해라, 줄은 이렇게 튕겨라, 저렇게 튕겨라 하고 가르쳐야 했다. 매끄럽고 부드러운 손이었으나 그걸 감상할 여유는 없었다. 상철은 그렇게 제일 쉬운 동요라도 한 곡 가르쳐주려고 했다.

"아이고야, 손가락이 터지려고 하네. 피나겠어요. 아파서."

"하하하, 피날 때까지 연습해야 합니다. 손가락 끝에 굳은살이 딱딱하게 생길 때까지 연습해야 해요. 그냥 건성으로 했다간 죽도 밥도 안 돼요."

"아이참, 이게 겉보기보다 굉장히 어렵네요."

"처음엔 그럴 거예요. 몇 달만 참고 이겨내면 수월해집니다. 자전거 처음 배울 때 생각해보세요. 처음엔 핸들을 꺾을 줄도 모르고 페달 밟을 줄도 몰라서 그냥 자빠지잖아요. 그렇게 힘들게 배우다 보면 어느 순간부터 자전거가 내 몸과 같아집니다. 자연스레 핸들을 꺾고 페달을 밟으면서 다니잖아요. 악기도 그래요. 처음 몇 달이 아주 어려워요."

"호호호, 진짜 설명을 아주 잘하네요. 최고의 기타 선생님이네요. 호호호."

아가씨는 이러면서 "아이구, 손가락 아파서 더 못하겠다."라고 말하더니 기타를 한쪽으로 놓고는 일어섰다.

그런 다음에 느닷없이 상철에게 다가와서 껴안다시피 하고는 얼굴을 맞대어 비비고 상철이 입술에 자기 입술을 살짝 대었다가 떼었다.

"어어어~~"

상철은 너무나도 당황하여 어쩔 줄 몰라 했다. 그러는 중에 여자의 화장품 냄새와 알싸한 여자 내음에 전신이 마취되는 듯해서 온몸이 돌처럼 굳어버렸다.

판박이 •

"호호호, 귀여운 선생님, 평생 내 선생님이 되었으면
좋겠다."

그녀는 이렇게 알쏭달쏭한 말을 혼잣말처럼 하고는
일어섰다.

"고마워요. 오늘은 손가락이 아파서 더 이상 못하겠
어요. 음료수 뭐 드실래요? 콜라나 사이다 같은 거."

"어~ 그러지요. 콜라 한 잔 주세요."

아가씨는 살짝 뛰다시피 주방으로 갔고, 아직 혼이
나가있는 상철은 우두커니 앉아 있어야 했다.

아가씨는 곧바로 콜라 두 잔을 가져왔다.

"이름이 뭐예요?"

"예? 이름요? 김승호입니다."

"호호호, 흔한 김씨군요."

어찌된 노릇인지 상철은 한 번도 생각해 본 적도 없
는 "김승호"라는 이름이 튀어나왔다. 왜 그랬는지도 모
른다. 저절로 입에서 튀어나왔다.

"그쪽은요? 애니라고 부르던데."

"호호호, 애니는 별칭이에요. 본명은 최연희(崔妍熙)

입니다. 여기 오니까 본명을 안 부르고 별명을 부른다
고 하면서 막내나 꼬마라고 부른다고 하기에 내가 싫다
고 했어요. 애니라고 불러달라고 해서 그때부터 애니
가 되었네요."

"그렇군요. 애니라면 꼭 만화 여주인공 같네요."

"맞아요. 순정만화 여주인공 이름예요. 불쌍한 애니
가 온갖 고생을 하다가 나중에 백마 탄 왕자를 만나게
된다는 스토리예요. 그리고 애 자가 사랑 '애(愛)' 자로
해서 사랑하는 사람이라는 의미입니다."

"오호, 멋있는 해석입니다."

"거긴 별명 없어요? 예전에는 별명 부르면 다들 싫어
했는데 시대가 변해서인지 별명들을 많이 부르던데요."

아가씨가 일목요연하게 부연 설명하는데 맞는 말이
었다. 지금은 닉네임이라고 하는데 당시만 해도 닉네
임이라는 용어는 거의 쓰지 않고 별명이라고 불렸는
데, 그 별명이 서서히 보급되기 시작하고 있던 것이다.
이렇게 별명이 유행하게 된 것은 인터넷의 전신인 통신
시대라고 해서 '천리안', '하이텔', '나우누리' 등의 DOS

기반의 통신시대였기 때문이다. 물론 상철도 통신에서 쓰는 닉네임이 있었다.

"저요? 술탄이라고 합니다."

"물탄이 아니라 술탄이요? 혹시 오스만투르크 시대의 왕을 지칭하는 거 맞나요?"

"맞아요. 그런 사실 잘 모르는데 어떻게 아시네요. 내가 왕이라는 뜻으로 술탄이라고 했지요."

"호호호, 역시, 왕 노릇 할 만한 인물이에요. 내가 이래봬도 여고 시절에 공부 좀 했지요. 집이 넉넉했다면 대학교에 가는 건데 없이 살다 보니 이런 바닥에서 고생을 하네요."

"아, 그러시군요. 어쩐지 은근히 지적인 품위가 있어 보입니다."

"호호호, 고마워요. 좋게 봐줘서. 호호호. 아무튼 앞으로 술탄이라고 부르겠어요."

"좋도록 하세요."

이후로 몇 마디 더 대화를 했는데 그녀는 돈이 없어서 대학 진학을 못한 사연을 늘어놓았다. 그렇지 않아

도 넉넉지 않은 집이 뭐가 잘못되어서 폭삭 망하다시피
했다는 것이다. 무엇 때문에 폭삭 망했는지는 말을 하
지 않아서 상철은 궁금증이 더해갔다.

그러는 중에 문이 열리면서 왁자지껄하는 아저씨들
이 대여섯 명이 들어왔다.

애니는 급히 일어나서 인사를 하고는 자리에 안내하
였다. 조용하던 다방 안이 시끌시끌해지고 마담이 없
이 혼자서 차 준비를 해야 하는 애니는 정신없이 바쁜
모양이었다. 상철은 조용히 일어나서 카운터로 갔다.
커피값을 계산하기 위해서이다.

이때 애니가 황급히 다가왔다.

"커피값은 됐어요. 그냥 가세요. 오늘 밤 10시에 시
간 있으세요? 시간되면 같이 술 한잔 해요. 여기로 오
면 돼요."

"어~ 그러지요."

애니는 그렇게 속사포로 말을 하고는 손님 쪽으로
갔다.

시간이 벌써 저녁이 다 되어 가고 있었다. 해가 짧은 겨울이라서 그런지 오후의 시간은 여름에 비하여 두 배 속으로 빨리 지나가고 있었다. 상철은 몇 걸음 걷다가 제자리에 섰다. 자기의 볼을 얼굴로 비벼댄 사람은 아주 어렸을 때 어머니 이외는 없는 듯한데, 무엄하게도 다방 아가씨인 애니가 얼굴을 마구 비벼대고 입까지 맞추질 않았던가. 그러고 보니 여자에게 첫 키스를 받은 셈이었다. 그 기분이 아직도 얼떨떨하고 황홀하기만 하였다. 상철은 언덕길을 오르다가 말고 다른 길로 내려오기 시작하였다. 단골로 가던 식당에 가서 저녁을 사먹고 올라가려는 것이었다. 자취라면 식사를 어느 정도는 해먹어야 할 텐데, 상철은 대부분이 사먹고 있었다. 집안이 넉넉하기에 돈은 쓸 만큼 쓰고 있었던 것이다. 그러니 집에서 하는 식사는 어쩌다 끓여먹는 라면 정도였다.

상철은 갈증이 나는 것 같아서 국물이 있는 국밥으로 저녁을 먹고는 자취방으로 올라왔다. 하루 종일 빈집에 보일러를 틀어놓지 않아서 냉기가 온몸을 감싸

안았다. 보일러를 켜고는 침대에 누워 이불을 덮었다. 온몸이 나른하면서 기운이 빠진 것 같아서 잠시 쪽잠이라도 자려고 하는데 막상 눕고 보니 잠이 오질 않는다. 얼마 전까지만 해도 앞으로 닥쳐올 군대 생활에 가슴이 먹먹하였는데, 이제 또 다른 내용으로 가슴이 설렜다. 이 설렘은 심신을 피곤하게 했는데도 불구하고 잠이 오질 않았다. 결국 상철은 눈을 감았다 떴다 하면서 비몽사몽간에 몇 시간을 보내고 밤 9시 30분쯤에 일어났다. 일어서려니까 머리가 핑하니 돌면서 몸까지 휘청거렸다.

'어어~ 이거 몸이 왜 이러지. 어디 아픈가?'

상철은 혼잣말을 하고는 욕실에 들어가 머리를 감고 세수도 하고 향기가 다소 강한 스킨로션을 얼굴에 발랐다.

달무리에 가기 위해서였다.

상철은 시간에 맞추어 가기 위해 천천히 발길을 옮기어 달무리로 향했다.

달무리 다방의 문을 조용히 열자, 애니가 기다렸다는

듯이 방긋 웃는 모습으로 맞이하였다.

"호호호, 어서 와요. 올 줄 알았어요. 잠시만 기다려요."

애니는 이제 하루 영업이 끝났다면서 비를 들고 청소를 하고 행주로 탁자를 닦기도 하였다.

'술 한잔을 하자고 했는데 밖에 술집에서 술을 마시려는 건가. 아니면 여기에서 술을 마시려는 건가. 다방에선 술을 팔지 않을 텐데. 아니면 술을 사와서 여기서 마시는 건가.'

상철은 어떻게 술을 마실지 잠시 상념에 빠졌다.

"잠시만 더 기다려요."

애니가 출입문 앞으로 가면서 말을 했다. 셔터를 내리는 소리가 "드르르륵" 하고 들려왔다. 잠시 후에 알게 된 내용이지만 영업이 잘될 때 아가씨가 두 명이 있어서 쪽방에서 잠을 자는데 어느 날 어떤 놈팽이가 한밤중에 어떻게 문을 열고 들어왔다가 두 여자가 비명을 지르면서 크게 반항을 하니까 그대로 줄행랑을 쳤다고 한다. 이 소식을 들은 마담도 놀라서 출입문 밖에 셔터

문을 하나 더 설치해서 안에 사람이 있을 때는 안에서
잠그고, 사람이 없을 때는 밖에서 셔터문을 잠그고 나
간다고 하였다.

　셔터를 내린 애니가 곧바로 상철에게 왔다.

　"양주 마실 줄 알아요?"

　"양주요? 그거 독해서 자칫하다간 속 아프던데."

　"그래요? 양주밖에 없는데 어쩌나, 내가 순하게 위티
를 만들어 올 테니 한번 마셔 봐요."

　"…그러세요."

　나가서 술을 마시는 것이 아니라 셔터를 내리고 여기
홀에서 술을 마시는 것이다. 그런데 상철은 이런 다방
에서 양주를 파는 것을 처음 알았다. 그때에 다방에서
도 잔술로 양주를 팔았는데 위티라고 하여 위스키(국산
위스키)와 홍차를 섞은 술과 깡티라고 하여 위스키만을
잔술로 팔고 있었는데 일종의 칵테일이나 마찬가지이
다. 이런 위티와 깡티는 메뉴판에 없었다. 아는 사람에
게만 암암리에 팔았던 것이다.

잠시 후,

애니는 커다란 접시에 반숙 계란프라이를 만들어 내왔고, 안주로 캔에 들어있던 번데기와 골뱅이를 따끈하게 무침으로 내왔다.

그리고 아주 멋들어진 양주잔에 위티라는 양주를 내왔다.

"이게 위티예요. 먼저 반숙 계란프라이를 먹고 술을 마시면 속이 괜찮아요."

"어, 그런가요. 처음 보는 술입니다."

"호호호, 그럴 거예요. 아는 사람만 시키는 술이니까."

"그럼 평상시에도 이런 안주와 양주를 파나요?"

"아니에요. 아무에게나 안 팔아요. 법에 걸립니다. 아는 사람에게만 잔술로 팔고 안주는 반숙 계란프라이만 줍니다. 골뱅이나 번데기는 밤늦게 진짜 믿을만한 사람에게만 몰래 주지요. 호호호, 여긴 술집이 아니니까요. 걸리면 문 닫는답니다."

"오호, 그렇군요. 그럼 난 특별 손님이네요."

"그럼요. 아주 존귀한 선생님인데요."

애니가 가끔 일상적으로 쓰지 않는 어려운 용어를 써서 상철은 은근히 놀랐다. 고등학교 때 공부를 잘했다고 하더니만 그래서 그런 용어가 자연스럽게 나오는 것 같았다. 아무튼 상철은 모든 게 흡족해서 마치 선녀와 마주앉아 대화를 하는 듯했다.

둘은 먼저 반숙 계란 프라이를 한 조각씩 먹고 '위티'라고 부르는 양주를 원샷으로 마셨다. 양으로 보아 소주잔 두 잔 분량을 한 번에 마신 것이다. 목에 넘어간 술은 곧바로 뱃속으로 들어가자마자 "찌르르" 하는 느낌이 들고 온몸에 열기가 퍼지기 시작했다.

"기타 연습은 안 하나요?"

"기타요? 아까 너무 많이 해서 손가락이 아파요. 그리고 낮에 손님 없을 때 짬짬이 하려구요."

"아 그렇군요. 하루에 한 시간씩만 열심히 해도 연주 실력이 늡니다. 그러다가 한두 달 뒤에 실력이 부쩍 늘어서 코드도 제대로 짚고 박자도 맞게 돼요."

"그럴까요, 술탄 씨가 잘 지도해주면 그렇게 될 것

판박이 •

같네요."

"그랬으면 좋겠지만 내가 시간이 얼마 없어요."

"왜요? 어디 가세요? 어디 여행이라도 가나요?"

"여행이라, 긴 여행인 셈이네, 군대 가요."

"옴마나, 군에 간다구요. 아이구야 기타 선생님이 군대 가면 어떻게 해."

"그냥 독학해야지요. 누군가 더 잘 치는 사람이 나타나든지."

"그럴 확률은 백만분의 일도 안 될 것 같네요. 이런 동네에서. 그런데 여기로 이사 온 지 얼마 안 되었어요? 얼마 전부터 오셨잖아요."

"이 동네로 이사 온 지는 일 년 육 개월쯤 됩니다. 시골에서 고등학교 졸업하고 대학교에 입학해서 처음엔 하숙을 했는데 너무 혼잡하고 시간 맞추어 밥 먹는 것도 구속받는 것 같아서 전셋집 얻어서 자취하고 있지요. 그런데 자취방 올라가는 길이 이쪽길이 아니라 저 아랫길입니다. 지난번에는 버스를 한 정거장 더 가서 내리는 바람에 이 길로 올라오다가 구수한 커피향에 이끌리어서 오게 된 것이죠. 고급 커피를 쓰는 모양입니다."

"아 그랬구나. 어쩐지. 커피는 최고급은 아니지만 그래도 고급 커피를 써요. 여기서 볶아서 직접 커피를 내리니까요. 마담 언니가 커피에 대해선 전문가급 일가견이 있지요. 그러니 이런 구석진 곳에 그나마나 손님들이 몇몇 오는 거예요. 지금 추세가 이런 옛날 다방은 다 문을 닫는 형편이랍니다. 신식 커피숍에 밀려서."

"맞아요. 젊은이들 대부분이 신식 커피숍으로 다닙니다."

이들은 담소를 나누면서 두 번째 잔 위티를 마시었다. 이제 소주 4잔 분량으로 상철에게 맞는 음주량이다. 애니 역시 이 정도면 되었는지 얼굴이 불그스레 피어났다.

"술탄 씨는 어느 학교에 다니세요?"

"Y대학교 수학과입니다. 지금 2학년 마치고 군에 가지요. 원래는 1학년 마치고 갔다 와야 정석인데 차일피일 미루다가 시기를 놓쳐서 이번에 막차라도 타고 군에

판박이 •

다녀와야 합니다."

"오호, 내가 제일 싫어하는 수학이네. 호호호."

"수학 싫어하는 사람 아주 많아요. 차근차근 문제 풀다 보면 최고의 학문인데."

"호호호, 그래요? 그 어려운 수학 문제 푸는 게 재미있어요?"

"아 그러믄요, 어떤 때는 몇 문제 풀다 보면 두세 시간이 훌쩍 지나갑니다."

"아이참, 나하곤 정반대네, 한 문제도 못 풀어서 지루하기 짝이 없을 때가 많은데."

"그게 다 개인 취향 탓이지요. 만약 어느 땅 깊숙한 곳에 주먹만 한 금덩어리가 있다고 가정해 보세요. 그걸 캐낼까요? 말까요?"

"당연히 캐어내야겠죠, 횡재하는 건데."

"맞아요. 하지만 생각만으로는 금덩이를 캐낼 수 없습니다. 위치를 가늠하여 수직이나 경사방향으로 몇 미터쯤 파 들어가야 금을 캘 수 있는 겁니다. 수학문제도 이와 마찬가지죠. 해답이 있는데 어떻게 접근해서 그 해답을 구하느냐는 겁니다."

"와아~ 진짜 최고의 설명이네요. 학교 수학 선생님도 이런 얘기를 한 적이 없는데, 굉장해요. 천재예요. 천재."

"천재 정도는 아니고 그냥 남들보다 더 생각하는 정도입니다."

"그럼 존경하는 인물도 수학자겠네요."

"그렇지요. 뉴턴이나 가우스, 상대성원리를 발견한 아인슈타인도 따지고 보면 수학자입니다. 이들 모두 수학에서부터 출발했어요."

"만유인력을 발견한 뉴턴은 과학자 아닌가요?"

"과학도 수학의 기반위에 생기는 겁니다. 뉴턴은 수학 발전에 대단한 기여를 한 사람입니다."

상철이 이렇게 수학 예찬론을 펴니까 애니는 온몸을 전율할 정도로 놀랐다.

'이 사람은 정말 수학에 관해서는 많은 것을 알고 있구나, 앞으로 대성할 사람이다.'

애니는 저절로 술탄 씨를 우러러보게 되었고 존경심이 생겼다.

"정말 굉장한 설명이네요. 학교 다닐 때 선생님에게 이런 얘기를 들어본 적이 없어요."

"그럴 수도 있지요. 선생님들은 그저 입시 문제 풀어 주는 기계로 전락한 지 오래니까 사색할 시간이 없어요. 톱니바퀴 돌아가듯이 하루하루를 보냅니다. 딱하지요. 녹음기처럼 생활하려니까 나름대로 스트레스 많이 받고 있습니다."

"맞아요. 선생님들 모두 지쳐 있어요."

"애니 씨는 무슨 과목을 좋아했나요?"

"호호호, 저는 수학은 상극이고 눈에 들어오는 국어나 영어에 재능이 쪼금 있다고 했어요. 만약 대학교에 간다면 국문과 고전문학을 전공하고 싶어요. 옛날이야기가 아주 재미있는데 이제는 다 허사지요. 공부를 접어야 했으니까."

"꼭 그렇게 비관할 필요는 없어요. 인생 60년에 언젠가 기회가 찾아올지 모릅니다. 순탄한 인생을 사는 사람은 일찍 오고, 역경이 있는 인생은 조금 늦게 찾아올 뿐입니다. 결승선에 가면 그게 그겁니다. 자전거 일 년 일찍 배운 사람이나 일 년 늦게 배운 사람이 차이가 나나요? 다 똑같아요. 학업에는 나이도 귀천도 없다잖아요.

서양 격언에 '수학(修學: 학문을 배움)엔 왕도(王道: 어떤 어려운 일을 하기 위한 쉬운 방법)가 없다.'는 말도 있습니다. 시작이 반입니다."

"호호호, 그랬으면 좋겠어요. 인생역전이 되었으면 좋겠어요."

평상시 말이 별로 없던 상철은 약간의 취기가 올라서일까 아니면 대화 상대가 마음에 들어서일까 학식 있는 전문가들도 하기 어려운 말이 실타래에서 실이 풀리듯 술술 나왔다.

"아참, 지금 2학년이라면 스물한 살이세요?"

"예. 며칠만 있으면 스물둘이네요."

"옴마나, 나랑 동갑이네. 지금 스물하나면 양띠잖아요."

"맞아요. 양띠. 그럼 애니 씨도 양띠세요? 야아~ 우연의 일치이네. 나보다 서너 살은 더 많은 줄 알았

판박이 •

는데.”

“호호호, 이런 데 있다 보면 조금 걸늙어 뵙니다. 노장(老長)들과 어울리다 보면 그리 돼요. 하지만 몸과 마음은 아직 어려요. 그럼 생일은 언제인가요?”

“8월요, 8월 17일입니다.”

“그래요? 내가 몇 달 위이네. 난 3월 8일이에요. 호호호. 내가 누나네.”

“어? 그러세요. 3월이면 6개월 선배네. 누나뻘이네. 내가 누나가 없이 맏아들인데….”

“앞으로 누나라고 불러요.”

“하하하, 그럴까요.”

상철과 애니는 동갑이라니까 느닷없이 거리감이 없이 가까워지고 기분이 유쾌해졌다. 애니는 동갑내기 남동생이 생겼다면서 좋아했다.

둘은 시시덕거리면서 몇 마디 나누다가 애니의 제안으로 친구처럼 지내자면서 말 놓자고 했고 상철도 동의했다. 이제 둘은 오랜 친구처럼 격식 없이 대화를 나누게 되었다. 만난 시간은 짧지만 십년지기 이상으로 두

터운 우정이 생기기 시작했다. 애니는 상철이 물어보
지도 않았는데 자기 처지를 조금 얘기했다. 시골에 계
신 아버지가 사년 전에 친구의 빚보증을 서주었다가 잘
못되어 가지고 있던 전답의 반 정도를 뺏겼다고 한다.
이후로 가세가 기울기 시작하고 아버지는 화병에 걸리
고 술만 마시다가 지금 간이 나빠져서 기운 없이 지내
고 있다고 했다.

아래로 여동생과 남동생이 있다고 했다. 시골은 논농
사만 지어서는 먹고 살기 힘들어서 비닐하우스를 하는
데 자긴 비닐하우스에만 들어가면 덥고 숨이 막혀서 죽
을 것 같다고 했다. 농사일은 너무 힘들어서 자기 적성
에 맞질 않는다고 했다. 학교 공부는 잘해서 전교 1, 2
등은 못해도 10등 이내에 들어서 웬만한 대학교에 진
학할 능력은 되었는데 돈이 없어서 포기했고, 돈을 벌
기 위해 무작정 서울에 왔다가 처음엔 식당에서 서빙,
설거지 등을 1년 몇 개월 했는데 너무 힘들고 돈벌이도
되질 않아서 전봇대에 붙은 구인광고를 보고 한적한 여
기로 와서 다방 레지 생활을 시작했다고 한다. 8월부터

판박이 •

시작해서 12월에 5개월이 된다고 했다.

상철은 주로 듣기만 했고, 자기 집안은 살 만한 집이어서 먹고 사는 데 걱정은 없다고 했으며 공부를 잘해서 서울에 유학을 왔다고 했다. 자취방은 단칸방이 아니라 18평 전체를 전세를 얻어서 있는데 내년에 군에 가기 때문에 책이나 살림 일부는 시골로 보내려고 하고, 나머지는 주인아줌마에게 알아서 처분하라고 할 거라고 했다.

"우리 술 더 마실까?"

"아니 양주 더 못 마셔. 배 아프면 한밤중에 병원 갈 수도 없잖아."

"아참, 그랬지, 그럼 입가심으로 맥주 마실까?"

"맥주? 맥주도 있어?"

"응, 지난여름에 마담 언니가 한 짝(20병) 사다놓은 것이 있는데 지금 아마 일고여덟 병 남았을 거야."

"그으래? 그럼 어서 가져와봐. 안주는?"

"내가 먹으려고 사놓은 새우깡 있어. 여러 봉지야."

"야아~ 최고의 궁합이다. 새우깡 진짜 맛있는데, 어서 가져와."

"응."

술탄이 맥주를 마시겠다니 애니는 흥이 나서 재빨리 맥주 두 병을 쟁반에 담아왔고 새우깡도 가져왔다. 상철은 얼른 새우깡을 뜯어서 먹어 보고는 고소하다면서 매우 좋아했다. 이 모습을 보는 애니는 한없이 기뻤다. 마치 어린아이의 입에 밥숟가락이 들어가는 것처럼 좋아하고 있었다. 사람의 심리는 묘해서 동물이나 사람에게 먹을 것을 주었을 때 잘 받아먹으면 기분이 매우 좋아지는 것이다. 집에서 기르는 개나 고양이, 동물원에 가서 동물들에게 먹이를 주어서 잘 받아먹으면 덩달아서 기뻐하는 것이다. 지금 애니가 그런 기분이다. 생각 같아서는 상철이 좋아하는 음식을 만들어서 주고 싶었다.

둘은 맥주를 마시면서 또 시답지 않은 이야기보따리를 풀어놓았는데, 어찌된 노릇인지 조금 아까만 해도 애니는 누나뻘이라면서 상철보다 위에 있으려고 했는데 대화를 할수록 점차 위축되기 시작했다. 얼마 되지 않아서 애니는 스스로 위축되어서 상철은 술탄 같은 왕으로 보이고 자기는 시녀처럼 오그라들고 있었다.

'내가 왜 이런 마음이 들지, 돈이 없어도 내 멋대로 살아왔는데…. 이 남자 앞에서 왜 이렇게 위축되는지 모르겠네.'

애니는 속으로 이런 생각을 하면서 무엇인가 상철보다 잘하는 것을 보여주어야 했다.

"술탄, 우리 춤출까? 사교댄스."

"댄스, 난 전혀 모르는데."

"아이 그냥 손잡고 왔다 갔다 하는 거야."

"어 그래? 춤출 줄 알아?"

"조금 알지, 여고에선 무용시간에 사교댄스 가르쳐, 여자들끼리 손잡고 추려니까 흥이 없지만 그래도 재미있어 해. 남학교는 무용 과목도 없고 사교댄스 가르치는 과목이 없다고 하던데. 맞아?"

"응, 남학교는 그런 과목 없어."

"그냥 날 따라하면 돼. 아주 쉬워."

애니는 상철에게 확답을 듣기도 전에 저편 앰프로 가서 왈츠 음악을 틀더니만 소리가 너무 크다면서 볼륨을 적당히 작게 하고는 오더니 탁자와 의자를 한편으로 몰아서 약간의 스텝 공간을 만들었다,

"이리 와."

"어엉. 그럴까."

상철은 쭈뼛거리면서 일어서서 애니에게로 갔다.

애니는 영화에서 보듯이 상철의 한손을 자기 허리를 감싸게 하고 다른 한손은 서로 맞잡게 했다.

"이렇게 하고 좌우 앞뒤로 슬슬 움직이면 돼, 원래 돌아가는 스텝이 있는데 모른다니까 내가 하는 대로 하면 돼. 이렇게 가까이 붙어있으면 몸으로 느낌이 온다. 좌로 가는지 우로 가는지 느낌이 와. 내가 적당히 리드를 할 테니까 그냥 따라하면 되는 거야."

"오호, 그런 거야?"

이어서 애니는 상철과 조용히 스텝을 밟아가면서 움직였다. 처음엔 어색하더니 애니 말대로 느낌이 왔다. 어느 방향으로 갈지. 그게 크게 어려운 것이 아니었다.

반복되는 스텝이 많았으니까. 애니는 어려운 동작인 한 바퀴 도는 동작은 하지 않고 그냥 전후좌우로 움직이기만 했다.

"그렇게 멀리 떨어지지 말고 꼭 안다시피 해야지, 지금 너무 어색하잖아. 튕겨져 나가겠다."

애니는 상철에게 허리를 힘껏 껴안으라고 했다.

"어엉, 그렇게 하는 건가."

상철이 애니를 끌어안으니 다소 풍만한 애니의 가슴이 상철에게 맞닿았다.

'허억, 으으음'

상철은 가늘게 신음이 저절로 나왔다. 애니는 무슨 말을 하려다가 그만두었다. 갑자기 기분이 흥겨워지면서 할 말을 잊었기 때문이다. 상철이도 황홀한 기분에 젖어서 아무 말도 생각나질 않았다. 그렇게 둘은 한동안 왈츠를 추었다.

"좋지?"

"응, 너무 기분 좋아 황홀해."

"호호호, 나도 여학생들과 파트너만 하다가 오늘 처

음으로 남자 품에 안겼네. 너무 좋다."

"그랬어? 이래서 서양 사람들이 툭하면 댄스를 추는 구나."

"아마 그럴 거야. 걔들은 터치 문화를 즐기잖아, 우 린 노터치 문화고."

"터치 문화? 그게 뭔데?"

"호호호, 수학자라 그런 용어는 모르네."

"걔들은 뭐든지 손으로 몸으로 만져 보는 문화이고 우리나라는 뭐든지 만지지 않는 문화라고, 춤을 추든 인사를 하든. 악수도 터치, 껴안고 볼 비비기도 터치, 그런데 우린 그런 게 하나도 없어, 떨어져서 말로 인사 를 하든지 절을 하든지 하지, 춤을 춰도 걔들은 손잡고 껴안고 이렇게 춤을 추잖아, 우리나라는 어때? 어떤 춤도 각자가 추는 거야. 사물놀이, 농악, 궁중무용, 장 고춤 등 안 그래?"

"오호, 정말 아는 게 많구나. 난 처음 알았네."

"그러니까 앞으로 날 무시하지 마. 나도 아는 게 꽤 되거든."

"누가 무시한다고 했어? 지금 감탄하고 있는데."

판박이 •

"호호호, 그랬나, 아무튼 나도 잡다한 지식은 좀 있어, 책을 많이 봤거든."

"그런 거 같아. 진짜 박학다식한 것 같다."

"호호호, 고마워."

둘은 도란도란 속삭이면서 스텝을 밟았다. 그러다가 문득 두 눈이 마주쳤는데 누가 먼저라고 할 것도 없이 입술을 맞대었다.

황홀감이 온몸에 휩쓰는데 갑자기 상철은 머리가 핑 도는 듯하였다.

"어어~ 어지럽다. 이제서 술에 취하나."

"엄마야, 술 많이 마시지도 않았는데, 워낙 술에 약한 모양이네. 어서 앉자."

"으응, 그래야겠어."

상철이가 의자에 앉았는데 이번에 속까지 메슥거렸다.

"아이고야, 배도 편칠 않네. 배가 끓어. 메슥거려."

"아이고, 이를 어째, 뒤늦게 술에 취했어. 약도 없는데."

"이럴 땐 약 먹어도 소용없더라고, 아무래도 집에 가

서 쉬어야겠어."

"그 정도야? 그럼 어서 집에 가야지."

둘은 아직 아쉬움이 남았지만 배가 아프다는데 어쩔 도리가 없다. 애니는 집까지 바래다준다고 했지만 상철은 혼자 나왔다. 시계는 1시를 넘어서고 있었다.

차가운 밤바람이 불어오자 상철은 저절로 몸이 움츠러들어서 잔뜩 구부린 채 허적허적 집에 도착했다. 다행히도 아까 보일러를 켜놓고 나갔기에 방안은 훈훈했다. 상철은 침대에 깔아놓은 전기장판의 스위치를 켜고는 옷도 갈아입지 않은 채 쓰러져 잠이 들고 말았다.

다음날 일요일.

상철은 오전 내내 잠을 자야했다. 점심때 일어나서 라면으로 요기를 했다. 머리가 아파왔으나 참을 만했다. 민수에게 전화가 와서 극장에 가자고 하기에 극장에 갔다가 함께 저녁식사를 하고는 집에 들어왔다.

월요일.

상철은 종전처럼 운전면허 학원에 가서 실기연습을

했고, 점심을 먹고 달무리에 들렀다. 애니는 그러지 않아도 큰 눈을 크게 뜨면서 매우 반가워했다. 아직 속이 풀리지 않아서 뱃속이 거북했다. 그래서 향 좋은 커피를 주문하지 못하고 쌍화차를 마시기로 했는데 자주 오는 아저씨들처럼 쌍화차를 세 잔 주문해서 마담과 애니에게도 한 잔씩 돌리니 마담은 너무 좋아서 죽으려고 한다. 큰돈이 아닌데도 돈의 힘이 이러했다.

화요일 24일. 크리스마스이브.

민수와 상철이 모두 실기시험에서 불합격했다. 민수가 말하길 휴가 나온 친구가 있는데 같이 합석해서 저녁이나 먹자고 한다.

"누군데?"

"무역학과 손창길이라고, 몇 번 만났잖아."

"아~ 손창길. 그래 좋다. 만나서 군대얘기나 들어보자."

"오케이."

약속시간이 저녁때라 민수와 상철은 먼저 영화를 보고 시내를 돌아다녔다. 크리스마스이브여서인지 젊은

이들이 쌍쌍이, 또는 삼삼오오 떼를 지어 몰려다녔다.

이른 저녁시간에 셋은 식당에서 만나서 저녁도 먹고 술도 마셨다. 대화를 이끌어간 것은 당연히 휴가 나온 손창길이었는데, 주 내용은 입대하기 전에 아주 친한 여자 친구를 만들지 말라는 것이다. 배신 때리면 군인들 정신 이상자 되다시피 하고 어떤 놈들은 사고를 친다고 하였다. 그러면서도 꼭 총각딱지는 떼고 가라고 신신당부했다. 자기도 아직 숫총각인데 아쉽다는 말을 했다. 진짜인지 거짓말인지 군에 가 보니 온통 여자 얘기란다.

민수와 상철은 '그러마' 하고 대답을 하고는 그렇다고 사창가나 술집 여자는 찾아가지 않는다고 말했다. 이들은 새벽 2시경까지 잡담을 하고 헤어졌다. 상철은 조심하면서 술을 조금 마셨는데도 불구하고 엊그제 혼이 나서인지 몸 컨디션이 좋질 않았다. 날은 더욱 추워졌다.

판박이 •

수요일, 크리스마스.

상철은 몸살감기에 숙취까지 겹쳐서 하루 종일 끙끙 앓고 있어야 했다. 공휴일이라 병원도 진료를 하지 않기에 먹다 남은 진통제를 먹고 버티었다. 애니 생각이 났으나 가볼 엄두가 나질 않았다.

목요일, 아침 일찍, 시골에 계신 어머니에게 전화가 왔다. 오늘 오후에 친척 결혼식이 있다고 빨리 내려오라는 것이다. 결혼식이 있다는 것을 진작부터 알고 있었는데 까맣게 잊고 있었다. 상철이 자신도 모르게 애니에게 혼을 빼앗겼기 때문이다. 상철은 오전에 내려갔다가 오후에 결혼식에 참가하고 집에 들러서 부모님과 시간을 보냈다. 전셋집 상의도 했는데 진작부터 집을 내놓아서 비우기만 하면 전세 들어온다고 했다. 주인아줌마에게 얘기해서 아버지에게 전셋돈을 보내기로 했다. 이 돈은 전세 세입자가 들어와야 그 돈으로 보낼 것이다. 주인아줌마는 믿을 만한 사람이니까 걱정 안 해도 될 것 같다고 했다.

토요일.

상철은 오전 10시경 상경하여 자취집에 짐을 대충 꾸렸다. 크게 가지고 갈 짐도 별로 없었다. 책과 옷가지, 그 외 살림살이 몇 가지만 챙겨서 작은 용달차를 불러서 집으로 보냈다. 나머지 큰 짐, 냉장고, 침대, TV, 부엌살림 등은 그대로 두었다가 상철이가 내려가면 주인아줌마가 알아서 처분하기로 했다.

입대일이 가까워오자 마음이 더욱 갈피를 잡지 못하고 있었다. 혼자 나가서 거리를 배회하다가 저녁을 사먹고 영화를 보고 10시 30분경 집에 들어왔다.

일요일.

열 시까지 늦잠을 자는데 민수에게 전화가 왔다.

"야~ 상철아, 일어났냐?"

"으응, 지금 막 일어났어."

"너 오늘 저녁때 선배 만나볼래?"

"어떤 선배인데?"

"우리 과 1년 선배라는데 얼굴도 몰라, 우리 입학할

때 그 형들은 군에 갔다가 이번 겨울만 지나면 제대한대. 그 형들이 학과 사무실에 전화해서 우리가 며칠 후에 입대한다는 것을 알아내고 나에게 전화했더라. 선배로서 조언을 해주고 싶다나, 군 생활도 요령이 있다나 어떻다나. 어때? 만나겠다면 내가 연락해 주기로 했어. 아참 그 형들이 저녁도 산대. 그냥 몸만 오면 돼. 나갈래?"

"어어~ 그랬어. 공짜라면 양잿물도 먹는다는데 나가련다."

"크하하하, 부잣집 아들도 그런 말 하냐. 하하하, 좋다 좋아, 내가 그 형들에게 연락할게.

시간은 저녁 5시경이면 어떠냐? 요즘 해가 짧아서 그때만 되도 어둑어둑해진다."

"그래 좋아, 시간은 알아서 결정해."

이렇게 통화한 후 전화를 끊고 잠시 후에 다시 전화가 왔다. 오후 5시에 종로 3가 피카디리 극장 골목의 할매 삼겹살 구이집으로 오라는 것이다.

낮에 시간이 나길래 달무리에 가려고 망설이다가 말

았다. 너무 자주 얼굴을 들이밀어 체신머리가 없는 듯 해서였다.

"야~ 반갑다. 내가 학과 사무실에 전화했더니 너희 두 명이 입대한다고 해서 선배로서 조언이라도 해줄까 하고 불렀다."

"예, 고맙습니다. 선배님."

"다른 애들은 입대했나?"

"여러 명이 1학년 마치고 입대하고 이번에는 우리 둘 뿐입니다."

"그런 모양이야. 그런데 군대 가면 나라는 자아가 없어져. 내가 아니야. 돼지우리에서 키우는 돼지처럼 사람이 그냥 돼지가 되는 거야. 그게 군대야."

김선훈이라는 선배가 먼저 말을 꺼냈다. 이러니 그러지 않아도 바싹 쫄아 있던 상철은 낙심하기 시작했다. 반면 민수는 그런대로 그런 억압된 조직생활에 적응을 할 모양인지 덤덤하게 보였다. 또 다른 선배는 박병준이라고 했다. 둘은 다른 부대에 있지만 둘 다 강원도 전방의 보병부대에서 근무 중이라고 했다. 이들도 민수와 상철처럼 동반 입대하여 이번 겨울을 지나고 내년 2월초에 제대한다고 한다.

"그래요? 사람이 어떻게 그렇게 사나요? 금세 죽을 것 같겠어요."

"하하하, 안 죽어, 죽고 싶어도 안 죽어, 아니 못 죽지. 너무 떨지 마, 그냥 꼭두각시처럼 시키면 시키는 대로 하면 돼. 기상나팔 소리에 잠깨고 아침 구보 갔다 오고 세수하고 아침 먹고 오전일과 보내고 점심 먹고 오후일과 보내고 저녁 먹으면 일과가 끝나는 거나 마찬가지인데 대부분의 저녁 시간을 그냥 내비두지 않아. 이거 해라. 저거 해라 이런다."

"그럼 개인 자유시간은 하나도 없나요?"

"왜 있지. 있어, 자유시간이 적을 뿐이지. 그런데 부대의 전통에 따라서 분위기가 확 달라. 고참들이 쫄병들 막 갈구는 데도 있고 그냥 적당히 봐주는 데도 있고 말야. 육군 보병으로 가면 진짜 박박 기어야 해."

"아이구 참, 진짜 떨리네요."

"야~ 너무 떨지 마, 다들 그렇게 갔다 왔어. 예전에는 더 심했대, 지금은 많이 좋아졌다니까 견딜 만할 거야."

민수가 위로 겸 한마디 했다.

"하하하, 그런 마인드를 가져야 살아남고 마음 편해. 혼자서 스트레스 받고 짜증내고 괴로워해봐야 얻는 소득도 없이 괴롭기만 할 뿐이야. 그러 놈들이 혹간 사귀던 여자 친구가 배신 때리면 죽는다고 소동 피운다. 탈영도 해. 탈영하면 100% 잡혀, 잡히면 영창 가고 남은 기간 군생활 다하고 재수 없으면 진급도 못한다. 그러니 군대 가기 전에 죽자 사자 한 여자 친구는 안 만드는 게 신상에 좋아. 착한 여자 만나면 제대 후에도 이어진다는데 그걸 어떻게 믿어, 그런 여자가 어디 있는지. 요즘 세상에 한 남자 보고 일편단심 세월 보내는 여자 봤어? 그건 다 조선시대의 골동품이야. 지나가다 옷깃 스치듯 만났다가 헤어지는 게 다반사야."

"오호, 그렇군요. 지난번에 우리 동기가 휴가 나왔을 때도 비슷한 말을 했어요."

판박이 •

"그럼 그럼. 사람 사는 데가 다 그게 그거지. 오십보 백보라니까."

"아무튼 세상이 망조로 돌아가는 것 같아. 특히 남녀 관계는 말야. 입영 열차까지 따라와서 울고불고 난리 치던 년들이 육 개월도 안 되어서 고무신 바꿔 신는다고 하더만."

이제까지 주로 듣기만 하던 또 다른 선배도 한탄을 했다.

"그럼 사귀던 여자 친구는 어떻게 하나요? 그냥 절교 선언을 하고 입대를 하나요?"

"요령껏 알아서 해야지. 어차피 결혼까지 가지 못할 정도면 따먹고(육체적 관계를 맺다.) 봐야지. 뒷일이야 어찌되었던 간에 총각 딱지나 떼고 봐야 마음이 편할 거야."

두 선배들은 정말로 놀라운 이야기를 하고 있어서 곱게 자란 상철은 가슴이 섬뜩섬뜩하였다.

"왜? 너 여자 친구 있냐?"

그 선배가 민수에게 물었다.

"아주 친하게 지내진 않지만 같이 식사하고 극장도 몇 번 간 여자 친구가 있어요. 그런데 아직 손도 제대로 못 잡아봤어요."

"하하하, 이제 며칠 남지도 않았는데 고민되겠다. 알아서 잘 해봐. 그렇다고 지나치게 욕심 내다간 큰 탈난다. 급히 먹은 밥 체한다고 자칫하다가 온갖 누명 쓴다. 재수 없으면 경찰에 끌려갈 수도 있지, 성폭행이라구. 아무튼 요령껏 잘해봐."

"예. 일단 군생활 동안 교제한다는 기대는 접어야 하겠습니다."

"맞아, 맞아. 그래야 피차간에 마음이 편한 거야. 일편단심 한 남자 쳐다보는 세상은 갔어. 결혼하고도 이혼사례가 얼마나 많아. 이제 이해관계로 잠시 만났다가 헤어지는 거야."

이런 말을 들은 상철은 애니의 생각이 났으나 여자 친구가 있다는 말은 하지 않았다.

상철은 무거운 쇳덩이가 두 어깨를 짓누르는 것 같아서 머리는 숙여지고 허리는 저절로 굽혀졌다. 패잔병도 이런 모습은 아닐 것이었다. 애니를 알게 되어 즐거움보다는 한 가지 걱정만 가중된 셈이었다.

그 선배들은 능력 있으면 총각 딱지를 떼고 가라고 했다. 군인 도시에 가면 술집, 여관, 모텔에 똥치(매춘부의 저속어)들이 득실거린댄다. 그게 다 군인들 물받이 노릇하는 것인데 추잡한 인간들이라면서 자기들은 그런데 범접도 하지 않았다고 한다. 거기서 총각 딱지 떼는 놈들도 많이 봤다고 한다.

"군에 가면 인간 말살이야. 동물처럼 본능에 충실해져. 식욕, 수면욕, 성욕 이렇게 세 개만 왕성해지고 나머지는 모두 수그러들어. 책도 눈에 잘 안 들어와. 모여서 하는 얘기들도 주로 여자 얘기가 많아. 그러니까 군에 가면 정신병자 된다고 하는 거야."
"맞아. 군에 가서 전투 훈련은 10%도 안 돼 10%가 뭐야 5%도 안 되지. 일 년에 총 한두 번 쏘면 끝이야. 무슨 훈련이다 해도 형식으로 그쳐, 툭하면 구보나 시키지. 나머지는 잡일이다. 청소가 많아. 겨울에 눈 오

면 한숨부터 나와, 밤새도록 눈을 치워야 하니까. 싸리
빗자루로 쓸고 또 쓸어도 소용없어. 함박눈이라도 내
려 봐, 진짜 두 눈에서 닭똥 같은 눈물이 주르르 흐른
다, 한번 쓸고 난 자리가 또 그만큼 쌓이니까. 진짜 눈
구덩이에 빠져 죽고 싶어. 이게 우리나라 군대 현실이
야. 사회처럼 서바이벌 게임이라도 한번이나 있으면
얼마나 좋아. 재미있고 있고 훈련도 되고, 그런데 그런
훈련은 하나도 없어. 한심한 개한민국 군대야."

두 선배는 마침내 군대에 대하여 성토를 하기 시작하
고 그 내용은 정치얘기로 이어졌다. 하지만 상철의 귀
에는 더 이상 그들의 열변이 들어오지 않고 마음이 무
겁기만 했다. 그래서 소주잔을 더 기울여야 했다.

그들은 늦게까지 대한민국 군대 걱정을 하다가 헤어
졌다.

월요일.

거의 점심때까지 늦잠을 자고 일어나서 식당에 나가
서 갈비탕을 한 그릇 사먹고는 우두커니 있다가 발길을
옮겼다. 발길은 저절로 달무리로 향했다.

애니는 깜짝 놀라듯이 반기었다. 이제 주인 마담언니도 둘 사이의 관계를 눈치 채고 있었다. 둘이 서로 좋아한다는 것을 알게 된 것이다.

마침 손님이 없어서 기타를 조금 가르쳤다. 애니는 열심히 하긴 하는데 그동안 제대로 연습을 못해서인지 거의 제자리걸음 수준이었다. 손가락을 보니 굳은살이 전혀 없이 보드랍고 매끄러웠다.

화요일, 12월 31일. 이 해의 마지막 날이다.

드디어 민수와 함께 운전면허 실기시험에 합격했다. '1종 보통 운전 면허증'을 받아들자 정말로 기뻤다. 이것도 시험이라고 그동안 가슴 졸이고 있었는데 속이 뻥 하고 뚫리듯이 시원했다. 실기시험이 오후에 치러져서 둘은 커피숍에 가서 대한민국 군대와 정치에 대하여 성토도 하고 개선 방안도 토론했다. 공염불이지만 남자들은 이런 얘기를 하면 재미있다. 시간 가는 줄도 모른다. 사실 상철은 정치에 큰 관심이 없지만 군대와 연결된 이야기라 아는 대로 주워들은 대로 대화를 주고받고 했다.

민수가 저녁도 먹고 술 한 잔 하자고 했는데, 상철은 피곤하다고 핑계를 대고 아리동으로 향했고, 발길은 저절로 달무리로 향했다.

역시 애니가 놀란 토끼처럼 반기었고, 이 꼴을 마담언니가 웃어가면서 쳐다보고 있었다.

"어떻게 되었어?"

"오늘 합격했어."

"오우, 기쁘겠다. 축하해. 내가 축하주 사줄게."

"아니 괜찮아. 지금 시간에 나갈 수도 없잖아."

"아니, 언니에게 말하고 1시간 외출하면 돼."

"으응, 그런 것도 있었네."

애니는 마담언니에게 외출 허락을 받은 모양인지 상철이게 나가자고 했다.

마담이 상철을 보더니

"합격 축하해요. 부럽네요. 나도 배워야 하는데 선뜻 내키지 않네요."

라고 축하해 주었다.

"처음에만 그렇지 시작하면 별거 아니에요. 제가 보

던 필기시험 책 갖다 드릴까요? 필기 합격하고 실기 연습해서 합격하면 되는데 소형차인 이종은 더 쉬워요."

"호호호, 그래요. 이종이 쉽다고는 들었어요. 그럼 다음에 올 때 책이나 갖다 줘봐요."

"예."

애니는 제가 합격한 양 기쁜 표정을 지으면서 깡총걸음으로 상철을 데리고 나갔다.

애니는 길을 내려와서 큰 길 건너편에 있는 큰 고깃집으로 갔다. 거긴 쇠고기 전문식당이라 가격이 비싼 곳이다. 상철도 지나다니면서 보기만 했지 한 번도 가본 적이 없다, 혼자서는 갈 수도 없는 분위기였다.

"여기 등심구이가 맛이 좋아."

"그래? 난 처음인데, 시간 없다면서 언제 와봤어?"

"어떤 손님이 한턱낸다고 해서 다방문 잠그고 언니랑 같이 와봤지. 맛이 끝내줘."

듣고 보니 어떤 돈 있는 아저씨가 마담과 애니를 데리고 온 모양이었다. 애니가 돈이 있다한들 이런 고급 음식점에 올 리가 없었다.

"돈 없다면서, 내가 살게."

"아냐, 오늘은 내가 축하주를 내야지. 고시보다 어렵다는 운전면허 시험에 합격했는데. 호호호."

"아하, 그런가. 하하하."

애니의 깜찍스러운 농담에 상철은 기분이 매우 유쾌해졌다. 쫑알거리는 빨간 입술을 쪼옥 하고 빨아먹고 싶어졌으나 애써 태연한 체해야 했다.

곧바로 숯불을 가져오고 석쇠에 등심이 올려졌다. 젊은 여자가 가위를 들고 다니면서 고기를 자르면서 서빙을 하고 있었다.

삼겹살보다 훨씬 고소한 등심구이의 냄새가 온몸의 세포를 자극해서 고기를 빨리 입에 넣으라고 아우성치고 있었다.

"술이 빠질 수가 없지. 소주로 할까?"

"응, 좋지, 여긴 비싼 덴데 괜찮겠어? 내가 내도 되는데."

"아이참, 여아일언 중천금이란 소리 못 들어봤어?

호호호, 내가 낸다면 내는 거야. 매일 내는 것도 아
닌데."

"하하하, 그런 말이 있었던가. 좋아. 잘 얻어먹고 내
가 답례를 하면 되지 뭐."

"호호호, 그럼 그렇게 해."

애니는 '남아일언 중천금(男兒一言 重千金: 사내대장부의
한마디는 천금처럼 무겁다는 뜻)'이란 말을 여아(女兒)로 바꾸
어서 말을 했는데 그 비상한 임기응변에 상철은 좀 놀
랐다. 아니 깜찍스럽게 귀여웠다.

애니는 내일이 신정(설날)이라 다방이 쉬기 때문에 시
골에 갔다 온다고 했다. 충청도 어느 면이라고 했는데
상철은 귀담아 듣지 않았다. 상철도 충청도의 읍에서
사는데 말하지 않고 애니의 얘기만 들어주었다.

애니의 아버지가 지난번 사고(빚보증) 때문에 화병으
로 몸이 많이 쇠약해지고 술을 많이 마셔서 간이 나빠
졌다는데 성격도 바뀌어 툭하면 성을 내고 짜증을 내어
서 어머니가 많이 힘들다고 했다. 바로 밑에 여동생이
지금 고3인데 걔도 진학을 못하고 운 좋게 어느 회사

의 사무실로 취업이 되었다고 했다. 그러니까 그 여동생은 처음부터 진학이 아니라 취업준비를 해서 자격증도 여러 개를 땄다는 것이다. 그 아래에 중3 남동생은 별 탈 없이 학교에 다니고 있는데 집안이 이래서 많이 주눅들은 모양새라고 했다. 자기가 장녀라 조금이라도 책임을 지고 싶은데 그럴 형편이 못 되어서 안타깝다고 했다. 매달 적은 돈이나마 어머니의 통장으로 보내준다고 했는데 다방에 있다고는 하지 않고 공장에 다닌다고 둘러대었다고 한다.

들고 보니 상철의 집안과는 천국과 지옥같이 격차가 나서 가슴이 저려왔기에 말없이 소주잔만 비워야 했다. 지금 애니는 상철이란 이름을 전혀 모른다. 상철은 이름 소개를 할 때 입에서 나오는 대로 김승호라고 말했고 별명(닉네임)으로 술탄(터키의 왕 칭호)이라고 말했을 뿐이다.

그런데 애니(최연희)는 이렇게 묻지도 않은 자기 처지를 하소연하다시피 한 것이다. 집안이 이렇게 몰락해서 이런 레지생활을 하게 되었다는 일종의 자기 합리화인 것이다.

"술탄은 부잣집 아들 같아. 18평짜리를 통째로 전세 얻어서 자취방으로 한다고 했고, 품위가 부티가 나. 머리도 비상하지 명문대 다니지. 진짜 뭇 여성들이 줄을 서서 기다리겠다."

요샛말로 하면 상철은 금수저인 셈이었다.

"하하하, 그렇게 보여, 저번에는 내 첫인상이 차가워 보여서 쉽게 접근하기 어렵다고 했잖아."

"그 말이 그 말이야. 너무 신분이 높아서 접근하기 어려운 이치야. 진짜 왕처럼 술탄이고 나는 시녀 같아지는 기분이야."

애니는 취기가 올랐는지 마음속에 담아두었던 말이 저절로 나왔다.

"뭐어? 그 정도야? 하이구 내 원 참, 너무 자학하지 마, 음지가 양지 되고 양지가 음지 되는 세상이야. 조선시대는 신분시대라 태어나면 왕, 양반, 상민, 종으로 결정되었지만 지금은 그런 세상이 아니야, 본인의 노력에 달려있어."

"아니야, 지금도 똑같애. 누군 부잣집 자식으로 태어나서 계속 부자고 누군 가난뱅이 자식으로 태어나서 계

속 가난뱅이야. 예전에는 신분이 세속 되었지만 지금
은 빈부가 세습되는 시대야. 나 같은 사람을 봐. 아무
리 공부를 잘하고 열심히 살아도 돈을 벌 기회와 방법
이 없어. 이런 생활해서 겨우 목구멍에 풀칠하다가 가
는 게 한세상이야. 안 그래?"

"……."

상철은 더 이상 할 말이 없었다. 구구절절 맞는 말이
기 때문이다.

"너무 심각하게 생각하지 마. 내가 한 푼 도와달라고
하진 않을 테니까. 그런데 한 가지 더 물어봐도 돼?"

"응, 물어봐. 뭐든지."

"술탄 씨 아버지는 어떻게 해서 돈을 많이 벌어서 성
공했어? 지금 뭘 하셔?"

"지금은 주업종이 주유소 운영하시고 과수원하고 전
답도 있어."

"와아~ 진짜 대단한 부자구나. 주유소 하나만 운영
해도 재벌 소리 듣는다던데."

"글쎄. 재벌 정도는 몰라도 먹고 살만 해."

"나도 얼핏 들은 얘기인데 주유소가 엄청나게 돈을 번다는데 얼마나 벌어?"

"대충 한 달에 천만 원 정도 되나봐."

"뭐어? 매출이 천만 원이나 돼?"

"아니 한달 총매출은 1억 정도 되고 순수익이 천만 원 정도 된대."

"우와~ 기절해 자빠지겠네. 내가 일 년 벌 것을 한 달에 다 버네. 어쩐지. 부티가 나더라니. 아버지가 사업수완이 대단하신가봐."

"응, 선견지명이 있으셔. 농사만 짓다가 과일 야채가게를 운영하시는데, 어느 날 서울에 왔다가 어떤 사람이 앞으로는 차가 많이 보급되어서 주유소를 하면 큰돈을 번다는 거야. 그래서 아버지가 내려오시자마자 수소문해서 주유소를 차렸어. '먼저 보고 먼저 차지한다'라는 게 아버지 좌우명이야."

"이야~ 정말 사업에 귀재이시네. 우리 아버지하곤 천지차이야 사고방식이. 우리 아버지는 남 빚보증 섰다가 쫄딱 망하는 중인데. 하이 참 부럽다. 부러워, 그

런 부잣집 아들이 머리도 비상하지 공부도 잘해서 Y대
학교 수학과에 다니지, 정말 최고의 집안이다."

애니는 두 눈을 동그랗게 뜨고는 감탄하고 있었다.
상철은 가끔 이런 말을 들어왔던 터라 크게 개의치 않
고 있었다.

이때쯤 해서 상철의 아버지는 사업에 승승장구하여
주유소를 두 개나 운영하고 있었는데 상철은 두 곳이
라는 말은 하지 않았다. 지금이야 차도 많아졌지만 주
유소가 포화 상태로 많아져서 운영이 어렵지만 당시에
주유소는 땅 짚고 헤엄치기 식으로 돈을 거둬들이고
있었다.

상철이 아버지가 첫 번째 주유소를 운영하여 큰돈을
벌면서 사오년쯤 지났을 때 웬 중년 남자가 찾아 왔다
고 한다. 알고 보니 그 사람은 원래 여기 옥수수 돌밭
의 주인이었던 할아버지의 아들이었다. 그때 논하고
대토를 해서 할아버지는 소작을 주고는 그럭저럭 살고
있는데 얼마 전에 돌아가셨다고 한다. 그런데 자기는

외지에 나가있기에 농사를 지을 수도 소작을 주기도 어려워서 그 논을 사장님(상철이 아버지가 크게 성공했다니까)께서 사달라는 것이다. 이렇게 해서 아버지는 그 논을 다시 사들여서 조상님에게 물려받은 전답을 모두 소유하게 되었다.

그 후로 그 주유소에서 차로 삼사십 분 정도 떨어진 곳에 밭이 딸려있는 얕은 야산이 있었는데 이를 싼값에 인수하여 지난번처럼 공무원에게 기름칠을 하여 용도변경을 하고 주유소와 휴게소를 개업하였다. 휴게소는 간단한 음식도 팔고 있었고 주차 공간이 매우 넓어서 오가는 일반 차량은 물론 트럭 기사의 단골 장소가 되었다고 한다. 이러니 자고 일어나기만 하면 돈이 두둑이 들어오는 형국이었다. 몇 년 후에는 텃밭과 정원이 딸린 건평 60평짜리의 큰 단독주택을 지어서 기거하고 계셨다. 이 집에서 이사하지 않고 이후로 수십 년간 생활하시게 된다.

시간이 벌써 한 시간이 다 되어가는 모양인지 애니

는 카운터에 가서 마담 언니에게 전화를 하고 왔다. 외출시간 30분을 추가로 허락받았다면서 해죽 웃어 보였다.

"요즘 며칠 동안 친구들 만났다면서 무슨 말 했어? 군대 얘기 했어?"

"그렇지 뭐. 지옥문이 코앞에 다가왔는데."

"호호호, 미리 기죽네. 남들도 잘 다녀오더만, 얘기 듣고 보니 한결 마음이 편해져?"

"아니, 심적인 부담만 더하네. 해결할 수도 없는데."

"뭔데 그래? 심적인 부담이라면 마음이니까 걱정거리를 덜어주면 되겠네. 뭔가 말해봐."

"하이구 내 원 참, 말을 해야 하나 말아야 하나."

"말한다고 누가 잡아가나? 어서 말해봐, 혹시 알아, 누나가 해결해 줄 수도 있는 것인지."

애니는 생일이 몇 달 앞선다고 가끔 누나라고 말하고 있었다.

"하 참, 그게 총각딱지 떼고 입대하라고 하대."

"뭐어? 그거야? 호호호. 기가 막힐 노릇이다. 군인이라면 전투얘기를 해야지 기껏 여자 얘기만 하고 다녔

판박이 •

네. 호호호.”

“전투 얘기도 했어.”

“뭐라고, 총각 딱지 뗀 군인들만 전투에 참여하나? 성인이라구 말야.”

“아니, 우리나라 군인들은 전쟁 나면 죄다 빗자루 들고 청소하러 나간다고 하대. 군에서 전투 훈련은 5%도 안 되고 나머진 잡일에다 청소하다가 제대한다구 그러더라구.”

“호호호, 진짜 오합지졸인 모양이다.”

상철과 애니는 정말로 농담조로 대화를 주고받고 있었다. 애니는 연신 웃어가면서 좋아 죽으려고 한다. 대한민국 군인이 그렇다니까 좋은 모양이다. 그래서 상철은 대한민국이 아니라 개한민국 군인이 그렇다고 했더니 애니는 더욱더 자지러들 듯이 웃고 있었다.

이러느라고 금쪽같은 시간 30분이 훌쩍 지나서 둘은 자리에서 일어나야 했다.

걸어서 오는 동안 애니는 내일 시골에 내려갔다가 이삼 일 후에 올라온다고 했고 입대일이 언제냐고 묻기에

1월 7일 화요일이라고 했다.

"그럼 여기 있다가 입대하나? 시골 어른들께 인사 안 드려?"

"인사 드려야지. 입대 전에 시골에 가서 인사드리고 입대일 일찍 논산으로 가면 돼. 그러면 시간이 맞아."

"으응, 그렇구나. 아무튼 마음이 착잡하겠다. 조선 남아들의 성인식이니까 안 할 수도 없고, 적자생존이라는 말이 있잖아, 잘 이겨낼 거야."

"으응, 고마워."

둘은 어느 사이에 달무리 앞에까지 와서 아쉬움을 남기고 작별을 했다.

다음날은 설날(새해 첫날)이라 애니가 시골에 갔다. 이삼 일 후에 온다고 했으니 늦어도 1월 3일이면 올라올 것이다. 상철은 시내에 나와 배회도 하고 혼자서 영화도 보고 서점에 들러서 눈에 들어오진 않지만 책도 뒤적거렸다.

1월 3일, 금요일.

오후 3시경 달무리에 갔더니 애니는 오늘 밤에 온다고 연락 왔다고 했다. 혼자서 커피 한 잔을 마시고 나왔다.

1월 4일, 토요일.

점심때쯤 민수에게 전화가 왔는데 친구들이 입대 환송식 해준다고 하니 저녁때 어느 식당으로 나오라고 했다. 상철이가 망설거리자 꼭 나오라고 하면서 우리 과 여학생도 몇 명이 나온다고 하였다. 듣고 보니 학과에서 추진하는 모임이라 안 나갈 수도 없었다.

저녁때 나가 보니 동기, 후배 모두 합하여 일곱 명이나 나왔다. 정작 친하게 지내던 친구들은 모두 입대해서 약간 겉도는 친구들뿐이다. 하지만 그런대로 유쾌하게 떠들면서 삼겹살과 소주를 먹고 마셨다. 2차로 노래방도 가서 있는 힘껏 소리도 질렀다. 상철은 의외로 음감이 있어서 노래를 잘한다고 추켜세웠다. 이날 밤 11시경에 헤어졌다. 민수와 상철은 모두들에게 고맙다고 했다. 정말 생각지도 않았던 송별식이었으니 말이다.

1월 5일, 일요일.

점심을 사먹고 달무리에 갔더니 애니가 나와서 반긴다. 상철은 애니에게 작별인사를 하고는 오후에 시골에 내려갔다가 입대하려고 한 것이다.

"이따 밤 10시에 다시 와. 지금 바쁘니까."

그러고 보니 시간 선택을 잘 못했다. 점심 식사 시간 후에는 사람들이 비교적 많이 온다는 사실을 잊어버린 것이다. 식후에 커피 한잔을 즐기는 사람들이 꽤 있었다.

상철은 시골에 내려가려는 것을 일단 포기하고 저녁 열 시에 다시 달무리에 갔다. 종전처럼 마담은 이 시간에 먼저 퇴근하고 애니는 청소를 하고 있었다. 청소를 끝낸 애니는 밖으로 나가자면서 밖으로 나와서 셔터문을 잠갔다. 상철은 이 밤중에 어디 가서 술 한잔을 하려나 하고는 아무 말 없이 애니가 하자는 대로 따라다녀야 했다.

애니는 시내버스를 타고 두 정거장을 지나서 내렸

다. 애니는 아무 말 없이 앞서서 걸어가고 상철은 그 뒤를 따랐다. 얼마 가지 않아서 매우 고급스러운 모텔 앞에서 섰다.

"우리 여기로 가자."

"어엉? 술 마시러 나온 줄 알았더니."

"여기서 마셔도 돼, 잠깐만 기다려."

애니는 그 말을 남기고는 바로 옆에 있는 가게에 들어가서 맥주와 마른안주, 김밥을 사왔고, 그 동안 상철은 우두커니 서 있었지만 심장이 쿵쾅거려서 옆에서도 들릴 지경이었다.

"자 들어가. 술탄 씨가 방 잡아, 최고 좋은 방으로, 첫날밤인데."

"뭐어? 그런 거였어?"

상철은 시키는 대로 최고급방인 스위트룸으로 정했다. 상철은 스위트룸이라는 방이 있는지도 처음 알았다. 둘은 엘리베이터를 타고 5층으로 올라갔다.

처음 보는 스위트룸은 집처럼 거실이 있고 큰방이 있

었고 TV도 거실에 하나, 침실에 하나 있고 커다란 욕
실이 구비된 그야말로 호화판 룸이었다.

"먼저 씻고 나와, 여자는 좀 오래 걸리니까."

"어엉, 그래."

상철은 두근거리는 가슴이 진정되지 않아서 애니가
사온 맥주병을 땄다.

"떨려, 가슴이 너무 두근거려."

"호호호, 사내대장부가 여자랑 함께 있다고 그렇게
떨면 어떻게 해. 그래서 맥주 한잔 먼저 마시려구?"

"응."

"좋아, 같이 대작(對酌)하자."

애니는 또 일반 사람들이 잘 쓰지 않는 한문 용어로
대답했다.

그렇게 둘은 맥주 한 병을 다 마시고 상철이가 먼저
샤워를 하러 들어갔다 나오고 이어서 애니가 들어갔다
나왔다. 상철은 가운을 걸친 채 죄인 아닌 죄인처럼 침
대에 엉거주춤 걸터앉아 있었다. 애니는 가운을 걸치
고 나오자마자 방긋 웃어 보인다.

"여자 몸 못 봤지?"

"응, 못 보았어."

"호호호, 그럴 줄 알았어, 총각이라니 당연하지."

"왕(술탄)이 해결 못하는 거 누나가 해결해 줄 수 있지."

이러면서 애니는 가운을 새 날개처럼 옆으로 벌리었다. 풍만한 가슴, 잘록한 허리, 배꼽 아래의 둔덕, 그야말로 헤어 누드가 영화 속의 한 장면처럼 펼쳐졌다.

"허억~"

상철은 숨이 멎을 것만 같았고 무의식중에 벌떡 일어나서 애니를 끌어안으려 했다.

"안 돼~"

애니는 다시 가운을 여미었다.

"아직 안 돼. 내가 총각 신세를 면하게 해주면 어떻게 할 거야? 나한테 찾아올 거야?"

"어엉? 그럼, 당연히 찾아가야지."

"참말이야?"

"참말이고 말고 남아일언 중천금이라니까."

"호호호, 알았어, 그럼 그 말을 믿고 증표(證票)를 내놔. 찾아오겠다는 증표."

"증표? 아무것도 없는데."

"왜 없어, 손가락에 끼고 있는 반지를 증표로 주면 되잖아."

"뭐어? 이것을, 이거 싸구려야. 내가 등산 갔을 때 기념품가게에서 산 싸구려 도금이야."

"그래도 돼. 그거면 되었어."

"아이참, 주려면 진짜 금반지를 주어야지. 이거 진짜 싸구려라니까, 그리고 그 안쪽에 내 것이라고 이름까지 새겼어, 술탄이라고."

"그래? 그럼 더욱 잘 되었네. 난 좋은 거 바라지 않으니까 그거면 충분하고도 남아. 그걸 나에게 증표로 주라고."

"하아 참, 알았어."

마지못해 상철은 왼쪽 새끼손가락에 끼고 있던 작은 반지를 빼서 애니에게 건네주려고 했다."

"아이 참, 멋없게 이게 뭐야, 오늘이 첫날밤인데. 내 손가락에 정중히 끼워줘지."

"어어? 그런 거야? 알았어."

상철은 일어서서 애니의 왼쪽 손 약지에 반지를 끼워 주었다.

"옴마나, 맞춤 반지네. 약지에 딱 맞아."

애니가 너무 기뻐하니까 상철도 덩달아 기분이 좋아 졌다.

이윽고 애니는 상철과 함께 침대에 걸터앉았다. 애 니는 상철을 끌어안으면서 "내가 너를 얼마나 좋아하고 사랑하는데, 사랑해~"라고 말을 하였다.

상철도 얼결에 "나도 사랑해." 하고 답변을 했다.

"사실은 나도 숫처녀야."

"뭐어? 그럼 어떻게 해?"

"괜찮아, 내가 사랑하는 사람에게 순결을 주고 싶

었어."

"진짜야?"

"그럼 진짜지. 그러니까 여기까지 왔지. 아까 말했잖
아, 왕이 해결 못하는 거 누나가 해결해 줄 수 있다고
했잖아. 난 일편단심 조선시대 여자야."

"그 소리였어?"

"응."

이 말과 동시에 둘은 가운을 벗어던지고 한 몸이 되
었다. 사랑의 유희(遊戱)는 누가 가르쳐주지 않아도
아주 잘 진행되기 시작했다.

이렇게 해서 상철은 생각지도 않게 총각 딱지를 떼게
되었다.

다음날 아침 여덟 시경에 일어난 둘은 모텔문을 나섰
다. 마침 지나가는 택시를 타고 달무리에 올라가는 길
입구에서 내렸다. 달무리 앞에서 애니와 상철은 악수
로 마지막 인사를 하였다.

"군대 잘 다녀와, 휴가 나오면 꼭 찾아오는 거야."

"응, 그럴게. 고마워."

애니는 계단을 올라오면서 왈칵 눈물이 쏟아져서 걸음을 옮길 수가 없었다. 간신히 셔터문을 열고 다방 안으로 들어온 애니는 탁자에 엎드려서 눈물이 강을 이루도록 펑펑 울고야 말았다.

상철도 애니와 작별 인사를 하자마자 뒤돌아서는 순간 코끝이 찡해지더니 느닷없이 눈물이 앞을 가려서 손등으로 닦아내면서 자취방에 들어왔다. 상철이 역시 침대에 엎드려 말없이 눈물을 흘려야 했다.

이날 점심때쯤 상철은 시골집에 내려와서 하룻밤을 자고 다음날 혼자서 논산으로 향하였다. 점심때쯤 논산에 도착한 상철은 눈에 띠는 이발소에 들려서 머리를 깎고 쓸쓸히 혼자서 입대했다.

2

예상치 못한
진로 변경

2

1월 7일, 화요일.

상철은 차원 이동을 하여 군막사에 들어왔다. 여기는 인간 세계가 아닌 군인 세계이다. 일거수일투족이 내 마음대로가 아니라 명령과 복종으로 이루어진 세계이다. 이는 상철이 가장 싫어하는 것으로 정말로 죽을 맛이었다. 그렇다고 당장 목을 매고 죽을 수도 없이 어떻게든 날짜가 빨리 지나가서 제대하기만을 바라야 했다. 이렇게 입영 첫날부터 제대를 기다려야 하니 그 심정은 찢어질 듯하였다.

수학과 출신이라서 그런가 병과는 포병 FDC(사격지휘소)로 배정받았다. FDC는 Fire Direction Center의 약자이며, 포병의 사격 및 작전사항을 진두지휘하는 곳으로 "사지반"으로 불린다. 부대는 포병들이 밀집해 있는 전방 철원 ○○사단의 ○○포대로 배정되었다.

FDC는 포를 쏠 때 포의 위치(좌표)와 타깃의 위치(좌표)를 알아내서 거리와 방향(평각), 높이(사각)를 계산한 후 이 계산 값을 포탄에 적용시키어 포를 어느 방향으로 어떻게 쏘는 것인가를 알려주는 병과이다. 민간인들에게 매우 생소한 병과이지만 이렇게 계산을 해야 하기 때문에 다른 병과처럼 몸으로 때우는 것이 아니라 머리로 때우는 곳이다. 요즘말로 하면 다른 병과에 비해서 꿀 빠는 병과인 것이다.

그뿐 아니라 이런 작업을 하기 위해선 수학적인 머리가 있는 즉 학벌이 좋은 군인만 여기에 배정받는다. 상철은 수학과 출신이라 당연히 이곳에 배정받았는데, 고참들도 모두 출신 학교가 좋은 편이었다.

판박이 •

군대문화 중에 선배가 갓 들어온 쫄병들을 좀 괴롭히는 것이 있었다. 이때만 해도 많이 개선되어서 육체적으로 고통을 주는 그런 문화는 많이 없어졌다. 하지만 말로 하는 은근한 괴롭힘은 여전히 남아있었다.

예를 들면, 첫째는 누나나 여동생이 있느냐 하면서 있다면 소개를 하라고 했고 없다면 아무 여자 하나 구해서 소개하라고 억지를 쓰는 경우이다.

둘째는 입대하기 전 친구나 학교 선배가 말했듯이 총각 딱지를 떼었느냐고 묻고는 아직 총각이라면 어디에 똥치들이 많으니 꼭 가보라고 한다. 전쟁 일어나면 죽을 목숨인데 총각으로 죽으면 몽달귀신이 된다고 비꼬아 말하면서 놀리는 것이다.

세 번째는 진로에 관한 놀림이다. 어디서 무얼 한다고 하면 그걸 트집 잡아서 대개는 좋지 않은 쪽으로 놀린다.

물론 이런 군대문화는 각양각색으로 각 부대마다 양상이 다르다. 있는 곳도 있고 없는 곳도 있는 것이다.

대한민국 남자들 모이면 공통된 화제가 있다고 한다. 군대, 여자, 정치이다. 이 세 가지만 있으면 처음 보는 남자들도 쉽게 말문이 열린다. 모두 다 농담조이기 때문에 적당히 넘어가면 별 것 아니다. 그런데 세 번째 농담에서 상철은 충격을 받기 시작했다. 어느 병장 고참이 말하는 것이 가슴에 비수처럼 꽂혔다.

"야~ 현 이병, 너 수학과라구 했지? 거기 나와서 밥은커녕 죽도 못 먹게 생겼다."

"예에? 무슨 말씀이신지요."

"얘가 겉보기보다 얼띠네. 학교 졸업하고 무슨 직업으로 먹고 살려구 하느냐구."

"수학에 관련된 직업이겠지요."

"하하하, 말대답은 잘한다. 그럼 수학에 관련된 직업이 무엇이 있나 말해봐."

"연구소요. 수학을 연구하는 연구소입니다."

이러니 옆에 있던 또 다른 병장 고참도 크게 웃으면서 한마디 거들었다.

"너 참, 나이 먹을 만큼 먹었는데 꿈결 속처럼 말한

판박이 •

다. 수학을 연구하는 연구소가 어디 있냐?"

"대학교에 있겠지요."

"대학교? 비슷한 게 있을 수도 있겠지. 너 말하는 것을 보니 대학교수를 말하는 것 같은데 교수들이 주업이 연구가 아니야. 대학생들 가르치는 선생이지. 그리고 대학교수 되긴 하늘에 별 따기야. 낙타가 바늘구멍 들어가기다. 평생 보따리장수(강사) 노릇하다가 한 자리라도 얻어걸리면 운 좋은 거다. 지금 있는 교수들은 초창기에 손쉽게 교수가 되었지만 지금 시대는 달라. 죽었다 깨어나도 교수 되기 힘들어."

"예에? 그런가요?"

"너 수학과 누가 추천했어. 누가 거기 가라고 추천했냐구?"

"누가 추천한 거 아닙니다. 제가 수학을 좋아해서 간다고 했지요. 부모님도 나 하고 싶은 대로 하라고 말씀하시고, 선생님들도 좋다고 하셨어요."

"하하하, 뭘 잘 모르는 어른들이 애 물 먹이네. 네 부모님하고 선생님하고 졸업 후 진로에 대해서는 손톱만큼도 생각해 보지 않은 거 같다. 혹시 또 모르지, 학교에서 진학 실적 높이느라고 Y대에 들어가라고 했을 거다. 정말 안타깝다. 비전이 좋아 보이는 청년의 앞길을 막아놓은 셈이다."

"예에? 그런가요. 그럼 제가 지금 잘못 되었나요."

"잘 생각해봐, 졸업 후 진로를, 그러면 답이 나온다. 잘잘못이 나온다."

이렇게 농담 아닌 농담을 듣게 된 상철은 그날부터 고민에 빠지기 시작하였다. 그 두 명의 병장은 며칠 후에 제대를 했다.

상철은 기운을 잃은 채 시무룩하게 하루하루를 보내야 했다.

그렇게 며칠을 지내는데 또 다른 병장이 상철을 불렀다. 정흥순이라는 여자 이름을 가진 병장이었는데 그 고참은 석 달 후에 제대한다고 했다. 그는 H대학교 컴퓨터 공학과 2학년 1학기를 마치고 입대해서 2학년 2학기에 복학한다고 했다.

어느 일요일 오후에 그 정 병장이 상철을 불렀다.

"너 왜 그렇게 죽을상을 하고 다녀? 무슨 고민 있어?

여자 친구가 배신했냐?"

"아닙니다."

"그럼 뭐야? 기운 없어 당장 죽을듯한 표정이구만, 말을 해봐, 무슨 고민인지. 내가 해결은 못해도 해결방안이라도 제시할 수 있을지."

상철이 얼른 대답을 하지 못하고 쭈뼛거리자 정 병장은 짐짓 화를 내기도 하면서 고민을 털어놓으라고 다그쳤다.

"정 병장님, 사실은 진로 문제입니다. 졸업 후 진로가 불확실해서요."

"뭐어? 그거였어. 하하하. 별거 아니네. 수학과가 어떤데 그래. 사실 돈 벌어 먹고 살기 어렵지. 대학교수되긴 하늘에 별 따기고, 아니면 중고등학교 수학 선생님으로 나가야 하는데 요즘은 학교 선생님 되기도 너무 어렵다. 오죽하면 행정고시, 사법고시, 외무고시에 교원고시라는 말이 붙었겠냐. 뽑지를 않아. 출산율이 떨어져서 아이들을 낳지 않으니 학생들이 그냥 팍팍 줄잖아. 그러니 선생님을 뽑을 수가 없지. 운 좋게 교사가 되어도 요즘 애들 극성맞아서 죽을 맛이라더라. 이것도 아니면 학원 선생으로 나가야 하는데 이것도 쉽지 않아."

"그럼 수학과에 관련된 직종이 모두 가르치는 선생님이네요. 대학교수나 학교나 학원 선생님이나 다 마찬가지잖아요."

"맞아, 요즘은 학문이 발달할 대로 발달했다. 기초 학문인 수학이나 물리 같은 과목은 더 이상 연구를 할 게 없을 정도야. 제대로 연구를 하려면 컴퓨터 쪽으로 나가야지. 교사직에 적성이 맞는다면 수학을 전공할 만할 거야. 하다 보면 한 자리 얻어걸리겠지."

"아이구, 전 애들 가르치는 데 적성이 안 맞아요. 애들이 극성맞고 선생님 말을 너무 듣지 않아요. 선생님들이 너무 시달려요."

"그럼 너에겐 수학과 졸업해 봐야 그냥 백수네. 아버진 뭐하시는데?"

"주유소요."

"뭐어? 그럼 주유소 하지. 그거 하나만 운영해도 널널하게 살 텐데."

판박이 •

"주유소 하기도 싫어요. 그래서 수학과에 왔는데 앞길이 험난하네요."

"아이구 참, 딱하다. 아니 복에 겨운 소리다. 나 같으면 직원 두고 주유소나 하면서 느긋하게 살겠다."

"아이 참, 이거 큰일이네. 정 병장님 혹시 다른 방법은 없을까요?"

"왜 없겠어. 과가 마음에 안 들면 전과하든지 아니면 재수해서 다른 과에 입학하면 되지. 그런데 진짜 좋은 과로는 전과가 어려워. 빈자리가 없어. 새로 입학을 해야지."

그제야 상철은 바늘구멍만 한 돌파구를 찾았다. 이렇게 해서 그 선배와 몇 차례 상담을 하게 되었다. 상철은 학생들 가르치는 것도 싫고, 주유소도 싫고, 무슨 사무실이나 연구실 같은 데서 근무하고 싶다고 했다.

"너 그럼 혹시 의과대는 어떠냐? 학업기간이 길고 돈이 많이 들어서 그런데, 집이 부자라니까 도전해볼 만하다. 공부를 무지하게 잘해야 하는데, 수학과보다 입학 점수가 훨씬 높다."

"의과대요? 고3때 선생님이 의과대도 말씀하셨어요. 지방대 의과대는 가능하다고, 그런데 제가 피를 보기 싫다고 해서 원서도 안 썼습니다."

"너 진짜, 귀족이구나, 아니 왕족이네. 왕족처럼 살려고 해. 그런 정신으론 세상 못 살아. 어느 정도 내 손에 땀나게 살아야지. 누가 다 떠받쳐준다고 그래. 한심하다. 그리고 의사라고 다 손에 피 묻히냐? 외과 의사나 수술 때문에 피 묻히지. 내과, 치과, 안과 같은 데서 무슨 피를 보겠어. 아무튼 너무 복에 겨운 소리를 한다. 잘 생각해봐. 재수를 하겠다면 이번엔 진짜 과를 잘 선택해야지. 이과니까 법대는 안 갈 테고. 진짜 천만번쯤 생각해봐."

"예. 고맙습니다. 조금 더 고민을 해보겠습니다."

상철은 이리저리 자기 적성에 맞는 과를 찾기 위해서 고민하다가 마침내 결정했다. 의과대를 가야겠다고 결정한 것이다. 의과대에 진학해서 제일 손쉽게 근무할 수 있는 내과나 소아과를 운영하면 될 것이다. 집에 돈이 많으니까 개원을 한다면 아버지가 도움을 주실 것이다. 이렇게 결론을 내리고 정 병장님을 만나서 이런 결심을 말했더니 아주 잘 결정했다고 하였다.

"네 머리와 실력이라면 충분할 거다. 몇 년 늦었지만 인생살이에 크게 문제 될 것 없어. 이삼 년 재수했다고 생각해."

그러고 보니 지금 중3과 경쟁하는 형국이다. 대학교 군생활 2년에 적어도 1년은 입시공부를 해야 의과대에 들어갈 것 같았다.

"예, 고맙습니다."

상철은 원래 어려운 수학문제를 풀듯 무슨 일이 닥치면 외골수로 빠져드는 성격이기에 곧바로 입시 준비를 하기 시작했다. 마침 남동생 희철이가 이번에 지방대에 입학하여 희철이 쓰던 수험서 몇 권을 우편으로 부치라고 했다. 그리곤 휴가 나왔을 때 부모님께 과를 바꾸어서 의과대를 목표로 입시공부를 다시 한다고 했더니 걱정하실 줄 알았던 부모님은 오히려 크게 반기셨다. 의사가 되면 곧바로 병원을 차려주겠다고 하신 것이다.

이에 크게 고무된 상철은 입시공부에 매진하기 시작했다. 부대에서도 상철의 이런 생활을 이해해주었고 FDC 근무는 타부서에 비해 비교적 시간도 많이 나기에 틈틈이 수험서를 독파하기 시작하였다. 휴가를 나와서도 단 하루도 서울에 머무르지 않고 곧바로 시골에 내려와서 공부를 해야 했다. 늦은 만큼 마음은 조급했기 때문이다.

2년 후.

상철은 제대를 하자마자, 즉시 학교에 가서 휴학계를 내었다. 친한 친구인 민수가 상철이 다시 입시 공부를 한다하니까 군대 가서 단단히 미쳤다면서 크게 나무랐으나 상철은 별 말없이 소주만 몇 잔 마시었다. 의과대에 가겠다고 말도 안 했다. 서울 시내 학원에 가서 등록을 해볼까 하고 찾아갔는데 몇 살 아래인 후배들과 어울리는 게 쑥스럽고 창피하기만 했다. 뿐만 아니라 자기에게 꼭 필요한 공부만 보충 형식으로 해야 하는데 학원은 일괄적으로 똑같이 진도를 나가기에 시간과 돈이 아깝다고 생각되었다. 그래서 상철은 집으로 내려와서 근처에 깨끗한 독서실을 등록하여 공부에 매진하였다.

"내 인생이 걸린 1년이다. 허술한 지방대 의과대가 아니라 다니던 Y대학 의과대에 진학하자. 의사로서 일생을 살아야 한다."

상철은 정말 비장한 각오로 공부해서 실력은 일취월장하고 있었다. 예전 담임선생님을 찾아갔더니 마침 금년에도 3학년 담임을 맡고 계셨다. 상철은 진로를 바꾸어서 의과대에 도전한다고 이런 말씀을 드렸더니 역시 크게 격려하셨다. 선생님은 학생들이 보았던 모의고사 문제와 해답을 주면서 혼자서 풀어보라고 하셨다. 상철은 고개가 땅에 닿도록 인사를 하고는 독서실로 왔다. 이후로 선생님은 모의고사를 볼 때마다 우편으로 보내주셨다.

그렇게 봄, 여름, 가을이 지나고 초겨울이 와서 대학수학 능력시험(수능)을 보았다. 전에 학력고사이었던 것이 명칭이 바뀐 것이다. 상철은 그동안 죽을 각오로 공부를 한 결과 우수한 점수가 나왔고, 학교에 찾아가서 상담을 하고 Y대학교 의과대에 원서를 내고는 마침내 최종 합격이 되었다. 상철이 부모님은 가문에 경사가 났다면서 크게 기뻐했고 만나는 사람마다 자랑을 했다.

이렇게 해서 상철은 다시 서울 생활을 해야 했는데, 이번에는 아버지가 학교에서 승용차로 삼십여 분 떨어진 신승동의 25평 아파트와 승용차를 사주셨다. 이제 상철은 진짜 귀족처럼 승용차를 타고 다니면서 등하교를 하는데 주변 학생들이 매우 부러워하였다.

의과대에 입학하여 봄이 되었다. 상철은 문득 애니가 생각나서 아직도 그곳에 있을까 하는 생각에 버스를 타고 아리동으로 갔다. 이게 얼마만인가? 군 생활 2년, 입시공부 1년하고 지금 봄이니까 대략 3년 3개월만이다. 무엇인가 한번 시작하면 외골수로 매진하는 성격이었던 상철은 의과대학에 들어가기 위해서 심신에 여유가 없었던 것이다. 상철은 설레는 가슴으로 언덕길을 올라갔다. 그러나 언덕길에 있었던 달무리 다방은 이제 막 철거하고 있어서 이층은 대부분 철거되었고,

일층은 반 정도 철거되었다.

중장비가 와서 그 주변 건물을 철거하고 있었다. 상철은 매우 실망이 컸으나 용기를 내어서 작업하는 인부에게 여기 있던 다방은 어떻게 되었느냐고 물었다. 그랬더니 아무도 몰랐다. 상철은 그대로 서서 물끄러미 사라져가는 건물들을 쳐다보다가 상심한 채 터덜터덜 걸어서 내려와야 했다.

철거되는 달무리 다방

그렇게 힘들게 입학한 의과대학이건만 상철은 처음부터 매끄럽지 못한 학교생활을 시작해야 했다. 그 이유는 바로 동기들보다 많은 나이 때문이었다. 정상적으로 입학한 학생하고는 다섯 살 위이었고, 재수 삼수한 학생들과도 서너 살 차이 나는 데다가 군대에 갔다온 학생은 상철뿐이었다.

모두들 그를 '선배님'이라고 부르면서 대우를 해주는 것 같았으나, 실은 개밥에 도토리처럼 겉돌고 있었다. 상철의 성격이 사회성이 썩 좋지 못하여 먼저 선뜻 나서서 어울리지도 못하였다. 전에 수학과에 다닐 때는 소개팅도 있더니만 나이가 많아서인지 그런 제안조차 없었다. 하지만 상철은 크게 개의치 않고 학업에 열중하였다. 그나마 다행인 것이 상철이 독학으로 배운 실력이지만 컴퓨터 다루기에 능숙하여 각종 자료나 보고서들을 PPT로 아주 훌륭하게 제작한다는 것이었다. 의과대학에 들어오기 위해서는 엄청난 공부를 해야 했는데, 그러느라고 대부분의 학생들은 컴퓨터를 능숙하게 다루지 못했다. 단순히 워드 정도만 알고 파워포인트도 기초지식 정도만 알고 있을 뿐이었다. 그뿐만 아니라 통계분석에 관한 프로그램은 잘 알지도 못하였다.

상철은 지난번 수학과에 다닐 때 이와 관련하여 배우기도 했지만 워낙 수학적인 재능이 있었기에 독학을 하여 이 프로그램을 활용할 줄 알게 되었다. 이런 상황에 상철의 컴퓨터 실력은 단연 군계일학처럼 돋보였고, 후배들이 그에게 컴퓨터에 대해서 이것저것 물어보면서 그들과 조금이나마 친해질 수 있었다. 아무튼 상철이의 학교생활은 이렇게 왕따 아닌 왕따처럼 시작되었다.

상철이가 그렇게 2년을 보내고 3학년이 되었을 때 같은 과 후배(나이로 볼 때는 후배지만 학년은 같은)인 홍미나(洪美娜)라는 여학생이 하교시간에 상철이 차를 타게 되었다.

둘은 그저 별스럽지 않은 대화를 하면서 몇 분을 보냈는데 미나가 다소 엉뚱한 말을 꺼냈다.

"선배님은 꼭 외로운 전사(戰士) 같아요."

"뭐어? 외로운 양치기가 아니라 외로운 전사라구?"

"네."

"하하하, 내가 어딜 보아서 그런가? 나 외롭지 않아. 어쩌다 보니 학교 다니다가 다시 입학해서 나이가 좀 많아서 그렇지, 나도 부드러운 남자야."

"호호호, 그래요?"

이렇게 해서 대화가 시작되었는데, 미나는 지금 시내에 친구를 만나려고 하던 참에 상철이의 차를 얻어 탔다고 했다.

"내가 외로운 전사가 아니라는 것을 증명할 기회를 줘봐. 다들 나를 물위에 뜬 기름처럼 대하니까 내가 어울리지 않는 것뿐이지. 나도 알고 보면 재미있어. 정감이 넘치는 남자야."

"진짜예요?"

"아 그럼, 내가 뭐 하러 뻥을 치겠어. 이제껏 내 마음대로 살아왔는데, 남에게 꿇릴 일도 하나도 없어. 집도 살 만해. 이 차도 아버지가 사 주셨어."

"어머나, 그래요? 우리 과에서 선배님에 대해서 아는 게 거의 없어요. 수학과 다니다 그만두고 다시 시험 봐서 의과대에 들어왔다는 것밖에 몰라요. 그밖에는 모두 베일에 싸여있어요."

"크하하하. 내가 크레믈린 궁전에서 사는 것도 아닌데 모두 자기들끼리 장막을 쳐놓고는 무슨 신비한 도인처럼 생각하나 보네."

"그러게요."

"그럼 오늘 내가 어떤 사람인가 증명해볼까?"

"진짜예요? 호호호, 내가 운이 좋았네. FBI나 CIA도 모르는 일급 정보를 알게 되나 보네."

"뭐어? 야~ 너 진짜 말 잘한다. 하하하."

이렇게 해서 미나는 친구들에게 전화를 해서 갑자기 급한 일이 생겨 모임에 못 나간다고 하고는 상철이와 동행하게 되었다.

상철이는 운전 중이라 미나가 근처의 맛집을 찾기 시작했다.

"최고로 근사한 식당을 찾아, 굽고 끓이는 한식보다는 스테이크집이 쾌적하고 분위기가 좋아. 내가 낼 테니까 걱정 말고."

판박이 •

"네."

이렇게 해서 미나는 근처의 '수미(秀味) 레스토랑'이란 곳을 찾았고 둘은 그리로 들어갔다. 반쯤 칸막이가 되어있고 실내장식이 잘 되었고 조명이 그야말로 끝내주었다.

예전에 '호롱불 미인'이란 말이 있다는데 어둑컴컴한 곳에 흐릿하고 가물거리는 호롱불 아래에서 곰보도 보조개로 보일 정도라는 말이다. 여기가 그런 조명이었다. 어떤 남녀도 여기에 들어오면 상대방이 왕자, 공주로 보일 지경이었다.

상철은 대리운전을 하기로 하고 둘이서 와인과 함께 스테이크를 잘라먹으면서 대화를 시작했는데, 술 몇 잔이 들어가자 상철은 아주 오래된 친구처럼 대화를 했고, 미나도 그런 상철이와 대화를 주고받았다.

그날 거기서 두 시간 정도 대화를 하고 시시덕 거리다보니 둘은 급격히 친해지고 있었던 것이다. 아무튼 이를 계기로 해서 둘은 연정(戀情)이 생기기 시작하여 남몰래 은밀히 데이트를 즐겼다. 물론 얼마 후에는 둘이서 가깝게 지낸다는 것을 주변에서도 알게 되었다.

상철이와 미나는 계속 교제하여 졸업 후에 결혼하게
되었다. 이때가 상철은 서른한 살 홍미나는 스물 여섯
살이었다. 상철은 계획대로 내과 의사가 되었고, 아내
인 홍미나는 이비인후과 의사가 되었다. 어느 누가 보
아도 흠 잡을 데 없는 최상의 커플이었다.

3

대박 나는 주유소

3

여기서 잠시, 상철이 아버지(현광호 玄廣浩)는 어떻게 해서 큰 부자가 되었는가를 알아보자.

상철이 아버지는 약간 풍류기질이 있어서 아는 사람, 만나는 사람이 많은 편이었다. 지차(之次)의 장손인 아버지는 선대의 유산으로 물려받은 전답이 꽤 있었고 작은 과수원도 소유하고 있었는데 예전처럼 농사일이 점점 어려워지고 소득도 시원치 않았다. 게다가 평상시 농사일을 귀찮아하던 차에 마침 읍내에 작은 가게가 나와서 논을 일부 팔아서 그 가게를 사서 과일과 야

채 등을 팔기 시작했다. 이러니 오히려 일거리가 하나 더 늘어난 셈이어서 고심만을 거듭하고 있었다.

과일 가게는 어머니(김진순, 金珍順)가 도맡아 운영하다시피 했으니 두 분은 가끔 부부싸움을 하게 되었다. 그러다가 가을이 되어서 사과를 작은 트럭에 가득 싣고 서울 남대문 시장 청과물 시장에 위탁판매를 하게 되어서 상경했다. 그날 저녁 아버지는 청과물 사장과 식사를 하는데 옆자리에 앉은 두 사람의 대화 내용이 예사롭지 않았다.

"앞으로는 말이야, 차들이 선진국처럼 집집마다 한 대꼴로 있게 된다네."

"맞아. 그런 호시절이 오는 모양이야. 지금도 봐봐, 서울 바닥에 해마다 차들이 늘어나고 있잖아. 내 친구들도 좀 나가는 애들은 차를 구입하더라고."

"그러게. 늙다리지만 운전기술도 배우고 어디 자동차 수리 학원에 가서 자동차 기술을 배워야 먹고 살 것 같아."

"글쎄, 그렇긴 한데 요즘 새파란 젊은이들 사이에서 배겨날 수 있을까?"

"견뎌내야지. 개들 두세 개 배울 때 하나라도 배우면 되잖아, 6개월 코스면 1년 코스로 다니든지."

"하하하, 그런 정신이면 되겠다. 돈이나 땅만 있다면 자동차 수리기술보다 정유소를 차리면 그냥 앉아서 돈이 마구 굴러들어 올 텐데. 우리 같은 빈털터리에다가 무지렁이 같은 인생은 그냥 고생은 받아놓은 밥상이네."

이런 대화 내용이 들려오고 있었다. 상철이 아버지는 그러지 않아도 매사에 호기심과 궁금증이 많아서 걸어가다가도 사람들이 모여서 웅성거리면 무슨 일인가 하고 들여다보곤 했는데 이런 대화는 인생에 변곡점(變曲點)이 될 수 있는 중요 정보였다.

"어허, 강 사장, 옆에 손님들의 대화가 예사롭지 않아. 혹시 아는 사람들인가?"

"아니, 처음 보는 사람들인데."

"그래? 어떻게 합석해볼 수 있겠어? 몇 마디 좀 더 들어봐야겠어."

"그러지 뭐."

강 사장은 별로 어려운 일이 아니라면서 서울 사람
특유의 사회성과 붙임성으로 그들에게 다가가 인사를
하고는 대화가 너무 진지하고 재미있어서 합석해도 되
느냐고 물었다. 술과 안주는 사겠다고 미리 너스레를
떨었다.

　이렇게 해서 네 명이 합석을 하게 되고 강 사장은 소
주와 안주를 추가로 시켰다.

　"아이구, 우리가 조용조용히 얘길 해야 하는데 옆에
서도 다 듣게 되어 미안합니다."

　"아닙니다. 내가 여기 청과물 시장에 사과를 따 가지
고 왔다가 아주 중요한 이야기를 듣게 되어서 한 말씀
더 듣고자 합니다."

　"하하하, 그냥 지나가는 말로 하는 것인데요."

　"아니죠. 앞으로는 차가 집집마다 생겨서 자동차 수
리와 주유소가 발전성이 있다고 하셨잖아요. 그 말씀
을 더 듣고 싶어서요."

　"그게 다예요. 선진국처럼 집집마다 자동차 한 대씩
갖게 되고 더 경제발전이 되면 사람마다 자동차를 갖게

　　　　　　　　　　　　　　　　　판박이 •

된다는구면요. 그러니 소소히 잔고장이 나면 자동차 수리가 필요할 테고 그 많은 자동차가 굴러다니려면 곳곳에 주유소가 있어야 한다고 그럽니다."

"아하, 그렇군요. 그래서 아까 자동차 수리 학원에 다녀볼까 하셨군요."

"지금 이 친구랑 상의중입니다. 거기 가면 막 군에서 제대한 젊은이들이 득실거린다는데 우리처럼 중늙은이들도 받아주는지 모르겠네요. 허허. 벌어놓은 것도 없이 나이만 먹었네요."

"학원인데 무슨 나이를 따지겠어요? 학원비 내고 열심히 배우면 젊은이들 못지않을 것입니다."

"그렇기도 합니다만, 용어가 왜놈 말이거나 영어투성이라고 해서 지레 겁먹고 있지요."

들자 하니 가방끈이 조금 짧은 모양이었다. 상철이 아버지는 그래도 시골에서 고등학교까지 나왔는데 이들은 아마 국민학교(초등학교)나 중학교 정도 나온 듯 추측되었다.

"그런 걱정 마세요. 그런 용어도 죄다 한글표기를 했

을 거요. 외국어도 처음에만 생소하지 몇 번 보고 듣고 하다 보면 익숙해집니다. 그것보다 학원에 다니겠다는 용기가 더 중요할 것 같네요."

"맞습니다. 아무튼 시작이 반이라고 일을 벌여 봐야 할 것 같아요."

"그럼요. 그리고 아까 주유소 말씀도 하셨는데 주유소는 돈과 땅만 있으면 되나요?"

"주유소요? 돈이나 땅 둘 중에 하나만 있으면 된답니다. 돈으로 땅을 사야 하니까요. 차들이 빈번히 다니는 목 좋은 곳에 땅을 사서 정유업체, LG나 SK 같은 회사에 연락을 하면 그네들이 실사를 나와서 건물도 지어주고 땅속에 휘발유 탱크도 매설해 준다고 하는데요. 자세한 내막은 잘 모릅니다. 근처의 주유소를 찾아다니면서 거기 사장님들에게 문의하면 아마 아는 대로 답변해 줄 것입니다. 주유소 업체마다 약간씩 차이가 있는 모양이에요. 설비라든지 마진이라든지."

"그런 모양입니다. 마진이 무조건 10%라고 했던가, 굉장한 금액이지요. 지금 주유소 업체들이 경쟁이 붙어서 서로 먼저 명당자리를 선점하려고 혈안이 되었다고 하데요. 아무튼 더 이상 자세히는 모릅니다."

"아하, 그렇군요. 정말 중요한 정보를 듣게 되어 감사합니다."

상철이 아버지는 크게 감사를 표시하고 후배격인 그들에게 소주를 따라주고 다 같이 건배를 하였다.

"현 사장, 농토가 있다더니 그거 처분해서 주유소 해보려구 하나?"

"글쎄. 그런 마음이 있어, 앞으로 농사는 큰 비전이 없어. 자동차나 주유소는 비전이 있어 보이지만. 농사도 선진국처럼 대형화 하는 세상이 올 거야. 그리고 농촌에 사람이 없어. 돈벌이가 안 되니 그냥 내팽개치고 도시로 도시로 몰려들잖아. 그런 사람들이 헐값에 전답을 내놓기도 해서 내가 조금 사들이기도 했는데, 이게 이제는 걸림돌이 되네요그려. 아무튼 어느 누가라도 대형화해서 기계 농사를 지어야 하는데 난 농사에 관심이 점점 멀어져. 과수원에 과일 따는 것도 벅차구만."

"그럴게요. 세상이 하루가 다르게 변하니 뭐가 돈이

되고 뭐가 돈이 안 될지 속단할 수가 없어."

"그렇다니까."

그들은 이런저런 대화를 조금 더 나누고 상철이 아버지는 집으로 내려왔다.

"앞으로는 집집마다 차가 한 대씩 있게 된다는 게야. 경제 발전해서 돈이 많이 돈다는구면, 그래서 자동차 수리나 정유소가 돈벌이가 된다고 그러대."

"그래요? 그러지 않아도 가끔 뉴스에 보면 서울에 차들이 쏠개미떼들처럼 돌아다니던데. 더 생긴단 말인가요?"

"아 그럼. 이런 읍내도 그렇게 되는가봐. 서울도 하루가 다르게 차들이 늘어나고 있다나봐. 우리가 관심이 없어서 그렇지 현대차, 대우차 이런 차들이 불티나게 팔리는 모양이야. 그래서 말야. 자동차 수리는 배우기가 어렵고, 돈이 있다면 땅을 사서 주유소를 경영하면 큰 돈벌이가 된다고 서울사람들이 그러더라구."

"주유소요? 저 아랫마을에 한군데 있으면 되었지. 더 생기면 두 집 다 밥 굶을 걸요?"

"아 지금이야 그런 모양새지. 그리고 그 주유소는 노

후화된 기계가 한 대뿐이잖아. 그냥 됫박 석유나 팔아 먹는 형편이야. 어디 큰 차들이 거기에서 휘발유 넣는 것 봤어?"

"그렇기도 하네요."

"그래서 내가 생각하기에 남아있는 전답을 팔아서 이 근처에 주유소 들어설 땅을 사야겠어."

"하이구야. 이 양반이 서울 갔다 오더니 겨우 선대로 내려온 농토를 팔아먹을 생각을 한 모양이네. 지하에 계신 조상님들이 벌떡 일어나시겠수. 내 원 참."

"농토가 더 이상 돈벌이가 되질 않아, 고생만 죽도록 하지."

"그러다가 있는 땅 없는 땅 다 말아먹고 알거지 되기 십상이요. 땅은 내비 두면 그냥 거기에 있잖아요. 괜히 엄한 생각 마세요."

"아니야. 내가 곰곰이 생각했는데 이번에 아주 호기 야. 최적기라고. 남들보다 선점해야 해. 땅만 있으면 정유업체에서 지하에 연료탱크도 묻어주고 건물도 지 어준다나 봐."

"그래요? 그게 확실한가요? 도대체 난 믿음이 가질 않네요."

"나도 듣고 온 얘기라 더 이상 설명은 못하겠어. 내일부터 자전거 타고 주유소 찾아 돌아다니면서 좀 더 확실한 정보를 알아봐야겠어. 잘 엎어치면 힘든 농사도 짓지 않고 여기 과일·야채 가게를 안 해도 돼. 남들에게 가게를 세주고 우린 주유소나 관리하면 된다구."

"그래요?"

과일·야채 가게를 안 해도 된다니까 어머니도 솔깃해졌다.

"옆집 함석가게가 매물로 내놓은 지 몇 년 되었는데, 그걸 사볼까?"

예전에는 함석으로 지붕도 하고 기와지붕의 물받이도 만들고 온갖 살림도구를 함석으로 만들어 썼는데 지금은 플라스틱 그릇들이 싼값에 마구 쏟아져 나오고 지붕도 함석으로 하지 않기에 함석가게는 일년 내내 파리를 날리는 형국이었다. 그래서 진작에 매물로 내놓고 팔리면 도시로 나가서 식당 겸 대포집을 해보겠다고 했었다.

"아이구 참, 서울을 내 집처럼 드나들면서 막눈이요. 함석집에다 주유소를 차리면 열 달도 안 되어 망할게 요. 여기까지 차들이 드나드나요? 그리고 저 아래 오 래된 주유소하고는 삼백여 미터 정도밖에 떨어져 있지 않아서 걸어서도 삼사 분이면 가는데 차로 가면 삼십 초면 갈게요. 그 집 사람들과도 왕래가 있고 서로 간에 안면이 있는데 자칫하다간 싸움 나고 둘 다 망합니다. 주유소를 차리려면 차들이 빈번하게 나다니는 길목에 다가 차려야지."

"어허, 그러네. 내가 그걸 미처 생각 못하고 함석집 이 매물로 나온 것만 생각했네. 허허허, 제갈량일세. 허허허."

"호호호, 추켜세울 것도 없어요. 날개 없이 떨어질라."

"하하하. 아니야. 어떨 때 보면 당신의 지혜로운 생 각에 놀랄 때가 있어. 참말이야."

"그러면 좋구요. 다 우리가 잘 살자고 궁리를 하는 거잖아요."

"그럼, 어디가 좋을까. 여기 읍내에서."

"제 생각엔 저기 삼거리 모퉁이가 좋을 것 같아요. 읍내를 벗어났지만 거기 삼거리가 차들이 많이 다닙니다. 짐차(트럭)도 그길로 서울에 가잖아요. 거기에서 읍내로 들어올 차들만 들어오지, 그냥 큰길로 나다닙니다. 그리고 거기엔 민가도 없어요. 그냥 잔자갈들이 많은 척박한 땅이라 매년 옥수수만 심더군요."

"아하, 거기, 근데 땅이 너무 거칠어, 잔돌투성이잖아."

"아이고 참, 농사짓지 않고 주유소 세운다면서 땅이 거칠거나 말거나 무슨 상관이에요. 아직도 막눈이네."

어머니가 눈을 흘기면서 핀잔하듯 말했다.

"아하 참, 내가 또 실수했네. 평생 농사를 짓다보니 땅 생각만 했네. 맞아. 그런 땅이 오히려 땅값도 쌀 거야. 그런데 그게 누구 땅인지 알 수가 있을까?"

"아마 그 근처 동네에 가서 물어보거나 아니면 군청에 가서 지적도를 떼면 지주가 누군지는 알겁니다."

"그렇지, 복덕방에 물어봐도 알거야. 어쩌면 거기도 매물로 내놓았을지도 몰라. 요즘 농사꾼이 다들 늙어서 농사짓기 힘들어."

판박이 •

"맞아요. 먼저 복덕방에 가보는 것이 제일 빠를 것 같네요. 그 사람들이 웬만한 땅 소유주는 알고 있을거요. 바닥이 좁으니까."

"맞아 맞아. 내일부터 알아봐야겠어."

부부는 두런두런 이야기를 더하고는 밤늦게 잠자리에 들었다.

이때가 상철과 희철이 국민학교(초등학교) 시절이었다.

다음날부터 아버지는 자전거를 타고 여기저기 다니면서 동네 사람들도 만나고 삼거리에 있는 척박한 밭 주인도 알아보았다. 군청에 갈 필요도 없었다. 그 근처 동네사람들도 알고 복덕방에서도 잘 알고 있었다. 그 척박한 땅의 주인은 올해 70이 다 된 노인 부부인데 자식들은 서울로 외지로 나가서 살고 두 늙은이만 땅을 지키고 있다고 하였다. 워낙 땅이 척박해서 무슨 작물을 심어도 안 되고 옥수수나 심는데 몇 년 전부터는 땅이 커서 그것도 다 못 짓고 반 정도만 옥수수를 심어서 가을에 헐값에 농산물 중간 도매상에 넘긴다는데 옥수수도 모양이 실하지 못해서 거의 사료용으로 완전 헐값에 떠넘긴다고 하였다. 이래서 매물로 내놓은 지가 거의 십여 년이 다 된다고 하는데 원매자가 나오면 즉시 매도할 것이라는 것이다.

아버지는 속으로 크게 쾌재를 불렀으나 애써 태연한 체했다.

"제가 그런 땅에 창고나 아니면 다른 건물을 지어볼까 합니다. 길목이 좋아서요. 그런데 당장 현금은 없고 제가 가지고 있는 논으로 대토(代土: 땅을 서로 바꾸다.)가 가능할까요? 논은 도지를 주면 손가락 하나 까딱 안 하고도 목돈이 생깁니다. 옥수수 농사보다는 훨씬 낫겠는데요."

"그래요? 그런 척박한 땅은 논 시세에 비하여 삼분지 일도 안 될 텐데요."

"그렇겠지요. 그런데 그 땅이 대체 얼마나 되나요?"

"아마 사천육백 평이 조금 넘는다고 알고 있습니다. 매입을 꼭 하고 싶다면 그 할아버지에게 전화하면 여기로 나오실 겁니다."

"그럼 그렇게 해주세요."

곧바로 복덕방(부동산 중개인) 사장이 전화를 했다. 수화기 너머로 들려오는 소리는 "바로 나가요."였다.

"곧바로 나오신답니다. 자전거 타고 오니까 아마 삼십여 분이면 오실 겁니다."

"예, 그럼 여기서 기다리지요."

아버지와 복덕방 사장은 이런저런 이야기를 하면서 시간을 보내는데, 비쩍 마른 할아버지가 들어섰다.

사장과 아버지는 일어서서 공손히 인사를 하고, 그 할아버지도 맞인사를 했다.

"할아버지, 여기 옥수수밭을 매물로 내놓으셨다는데 맞나요?"

"허허, 그 땅 내놓은 지 오래되었는데 워낙 척박해서 임자가 나타나지 않네요."

"그러신 모양입니다."

"꼭 사시겠다면 헐값에 드리겠습니다. 그런데 그 땅에다 뭘 하시려우?"

"예, 만약 사게 된다면 길목이 좋아서 작은 가게나 창고 같은 것을 지으려고 합니다."

"그러면 좋지요. 농사는 어려워요. 겨우 옥수수나 심는데 내가 늙어서 지금은 반 정도나 심고 나머지는 그냥 풀밭이 되었지요."

"그런데 제가 지금 현금이 없습니다. 제가 건넛마을에 전답이 있는데 거길 팔아야 이 땅을 살 수가 있거든요. 혹시 가능하시다면 대토(代土)를 해드릴 수가 있습니다. 논이라서 도지를 주어도 여기보다는 소득도 많고 몸이 편하실 겁니다. 혹시 나중에 매물로 내놓아도 이런 척박한 땅보다야 매매가 수월하지요."

"어허, 그런가요. 현금이 없으니 논으로 대토를 하자는 거군요."

"예."

"여기 이 땅의 시세가 똥값일 텐데 논하고 대토한다면 어떻게 값을 치나요?"

"아 그거요, 현 시세를 여기 복덕방 사장님이 잘 아실 테니까 서로 상의하면 될 것 같습니다."

"하긴 그러네. 우리들이야 현 시세를 잘 모르나 사장님은 잘 아실 테지요."

복덕방 사장의 말로는 전(田)의 상태에 따라 지가가 결정되는데 대체로 수확물을 기준으로 계산하면 된다고 하였다. 즉, 일 년 동안 밭에서 나오는 수확물을 돈으로 환산하고 논에서 나온 수확물을 돈으로 환산하면 어림짐작으로 비율이 나온다는데 이렇게 해도 보편적으로 일 대 이, 논 한 마지기(200평)에 밭 400평 정도면 대토 가능하다고 하였다. 그런데 지금 옥수수밭이 거의 황무지 수준인 돌밭이어서 일 대 삼 또는 일 대 사 정도에서 결정되어야 할 것이라고 부연 설명하면서 계산기를 들어서 대충 환산을 해보았다.

"그러면 여기 밭이 4600평이 약간 넘어요. 4600평이면 논으로 23마지기인데. 이분지일이면 논 11마지기 반. 삼분지일이면 8마지기가 조금 안 됩니다."

이렇게 해서 약간의 흥정이 이루어져서 논 열 마지기(2000평)과 대토하기로 하고 모든 서류와 명의 이전은 복덕방 사장과 법무사를 통해서 하고, 복비와 법무사 비용은 각자 부담하기로 했다.

이틀 후 아버지는 관련 서류를 모두 갖추어서 복덕방으로 나가셨고, 그 할아버지도 관련서류와 인감도장을 가지고 나왔다. 이렇게 해서 이십여 일 후에 법적으로 그 척박한 옥수수밭 4600평은 아버지 명의로 변경되었고, 아버지 소유의 논 중에서 끝자락에 있는 열 마지기는 그 할아버지로 명의가 변경되었다.

하지만 이것으로 끝이 아니었고 시작이었다. 이 땅이 밭으로 지목된 땅이라 건축물을 지으려면 상가용도로 변경해야 한다는데 들리는 말로는 절대로 불가능하다는 것이었다.

아버지와 어머니는 크게 낙심을 하였으나, 아버지는 이에 포기하지 않고 군청에 드나들면서 사람들을 만나기 시작했다. 주로 밤에 만나서 술자리를 하는 것이다.

처음에는 간단히 저녁식사를 하다가 높은 사람들이 나오면서 기생집에서 만나게 되었다. 근 이십여 일이 넘게 이들을 만나면서 눈치를 챈 것이 있었으니 그렇게 토지를 용도 변경하는 것은 자기들 선에서 못하고 윗사람들의 결재가 나야하는데 그냥 되는 것이 아니라 이렇게 향응 접대를 해야 한다는 뜻이다. 이때 아버지는 대

판박이 •

충 눈치를 채었고 즉시 어머니에게 상의를 했다. 한마디로 활동비인 뇌물을 주어야 한다고 결론지었다. 두 분은 여러 차례 상의를 하고 담당자로 보이는 사람을 은밀히 만나면서 비교적 두툼한 현금 봉투를 건네었다.

이로부터 한 달쯤 후에 척박한 땅은 상업용지로 변경되었고, 부부는 뛸듯이 기뻐했다.

이어서 아버지는 어떻게 주유소를 지을지를 알아보기 위해서 차를 타고 도시로 나가고 거기에서 물어물어 운영이 잘 된다는 주유소를 찾아다니면서 나름대로 정보를 수집하고 믿을만한 정유소도 알아보기 시작하였다. 이러느라고 또 근 한 달이 소요되었다.

"정유소에서 100% 다 지어주는 것은 아니고 기본만 설치해주는 모양이야. 지하에 연료탱크하고 주유기 두 대 정도는 그냥 해주는 모양이야. 살림집은 우리가 지어야 해."
"그래요? 그것만 해도 큰 횡재네요. 그러면 여길 처분해서 살림집을 주유소 뒷곁에 지으면 되겠네요."

"그렇긴 한데 이 가게가 쉽게 나가지 않을걸. 차라리 농지를 담보 삼아서 농협에서 대출을 받는 것이 빠를 것 같아. 서류 구비되면 보름 이내면 대출 가능할 거야. 요즘 대출하라고 세일하는 세상이라."

"그것도 좋은 생각이네요. 그렇게 해서 일단 주유소와 살림집을 짓고 서서히 이 집을 처분하면 될 것 같네요."

"그렇지. 그렇게 해서 농협 대출금을 갚으면 되니까."

부부는 이제 고지가 다 보이는 지점까지 올라온 셈이었다.

며칠 후에는 K정유소 직원들이 실사(實査)를 나왔다. 그들은 주유소 자리로 최적지라면서 지붕을 높게 하고 주유기를 네 대를 설치하겠다고 했다. 이러려면 지하에 연료탱크도 무지하게 큰 게 들어가야 하는데 그런 일은 포크레인이 다 하기 때문에 걱정할 필요가 없다고 하였다. 얘기를 대충 듣고 보니 의외로 복잡한 작업은 아닌 듯하였다. 얼마 후 설계도면이 나왔고 아버지가 그 뒤쪽으로 방 두 개 부엌 하나짜리 살림집을 지어야 한다고 했더니 그건 알아서 하라고 하였다.

드디어 이 개월쯤 후에 주유소가 완공되어 개업식을 하였다. 만국기가 펄럭이고 이벤트로 주유차량에는 떡과 화장지, 생수를 제공하였다. 정유소 직원들 두 명이 파견 나와서 도와주었고 아버지와 어머니는 이미 주유 방법을 배웠기에 오는 차량들에 주유를 하였다. 당시만 해도 현금 주유가 많아서 허리에 벨트색을 차고는 돈을 받고 거스름돈을 거슬러주었다.

대박나는 주유소

그 개업식 첫날에 삼백만 정도의 매상을 올렸다. 이중 10%가 마진이라니까 30만원이 이득이다. 이대로 가면 한 달에 900만 원이라는 거금이 생기고 1년이면 거의 1억이 순수익이다. 수십 년 농사지어서 벌을 것을 단 일 년에 벌 수 있는 것이다.

부부는 너무나 기뻐서 눈물을 흘리기까지 하였다.

"여보, 고진감래라더니 이제 우리에게 천복(天福)이 왔나봐."

"그러게요. 생각해 보니 우리가 결혼 전에 어느 점집에서 사주 궁합을 볼 때 그 역술가(曆術家)가 말한 게 생각나네요."

"무슨 말?"

"돌밭에서 성공한다고 했어요."

"맞아, 그랬지. 난 그때 돌밭에서 어떻게 성공을 하나 하고 무시하고 말았는데, 이 자리가 바로 돌밭이네."

"맞아요. 그리고 휘발유도 석유(石油)라고 하잖아요. 돌에서 나오는 기름이라는 뜻이에요."

"아하, 맞다 맞아. 돌이 바로 복덩이네."

둘은 너무나도 기뻐서 울며 웃으면서 대화를 이어나
갔다.

몇 달 후에는 아버지는 옆의 공터에 철근과 레미콘,
공구리(콘크리트), 벽돌로 단층짜리 상가 건물 두 칸을
지었다. 살림을 할 수 있도록 안에 작은 방도 만들고
전기와 수도시설, 욕실 겸 화장실 등을 모두 갖추었다.
이런 건물은 대개가 벽돌로만 올리는데 아버지는 아주
튼튼하게 지은 것이다. 이렇게 상가 건물을 거의 다 지
을 무렵에 어떤 사람이 찾아왔는데 여기에 자동차 경정
비업소를 하고 싶다는 것이다. 흔히 말하는 카센터이
다. 주유소 바로 옆이고 앞에 주차할 공간도 넓고 상가
내부도 커서 최적지라는 것이다. 아버지는 애초부터
월세를 받으려고 했기에 흔쾌히 승낙하고 월세로 매달
백만 원을 받기로 했다. 당시에 백만 원이면 웬만한 월
급쟁이들 한 달 월급이다. 야채 과일가게를 운영할 때
도 한 달에 백만 원 수입을 올리기 어려웠었다.

이어서 그 옆의 상가에는 생각지도 않았던 기사식당이

판박이 •

들어오게 되었다. 여기도 매달 백만 원의 월세이다. 길목이 좋아서 오가는 차의 기사들에게 식사를 파는 것이다. 기사식당이 싸고 맛이 있다고 알고 있었던 아버지는 크게 좋아했다. 그러지 않아도 동네와는 멀리 떨어져있어서 음식 사먹기도 어렵고 배달도 어려운데 기사식당이 들어온다니 부부는 매우 반기었다. 이제 두 상가에서 들어오는 월세만 매달 이백만 원에다가 주유소에서 벌어들이는 수익금이 눈덩이처럼 불어나기 시작한 것이다.

얼마 후에 아버지는 운전면허를 취득하고 곧바로 승용차를 한 대 사서 운행하기 시작했다. 사람들은 아버지더러 돈벼락에 맞았다면서 칭송을 아끼지 않았다.

이후로도 사업은 승승장구하여 주유소 뒷곁에 있던 살림집에서 단독주택을 신축하여 이사하고 먼저 임시로 지었던 살림집은 직원을 채용하여 기숙하게 하였다. 이제 두 부부는 일일히 주유를 하지 않아도 되었다.

이런 환경 속에서 상철과 희철은 돈 걱정 없이 컸던 것이다.

4

주차 유도원

4

애니와 헤어진 지 24년 되던 해 2월 마지막 주 일요
일 오후였다. 상철은 시내 볼일을 보고, 생필품 몇 가
지를 사려고 '은하수'라는 대형 마트에 들렀다.

일요일이라 3, 4층 주차장에 빈 자리가 없는지 주차
유도원이 5층으로 안내하였다. 상철은 대수롭지 않게
5층 주차장으로 진입하다가 하마터면 소리를 지를 뻔
하였다. 자기와 똑같이 생긴 젊은이가 경광봉(警光棒)을
들고서 올라오는 차량들을 정리하고 있는 것이었다.

"허억!"

상철은 자기도 모르게 숨이 멎을 듯하면서 놀랐다.

"저 청년이 누군가? 나 젊었을 때와 똑같다."

상철은 마음을 진정시키면서 주차하고 몇 가지 생필품을 사서는 집에 돌아왔다. 여전히 마음은 싱숭생숭하기 짝이 없었다. 잠도 오지 않았다. 평생 알고 지내고 지금까지 잠자리를 해본 여자는 두 명밖에 없었다. 이십여 년 군 입대하기 전에 잠깐 사귀었던 다방 아가씨 '애니'와 지금의 아내뿐이었다. 약간의 결벽증 같은 성격을 가지고 있던 상철이어서 이렇게 여자관계는 지극히 단순했다.

상철은 결혼 후 같은 의과대 출신인 아내와 각자의 병원을 개원하였다. 다른 건물에 상철은 내과, 아내는 이비인후과를 개원한 것이다. 상철이 있는 병원은 5층 건물의 2층이었다. 그 건물의 1층은 약국과 황제 김밥이라는 분식집과 작은 편의점이 있었고, 2층은 상철이 운영하는 내과 병원, 3층은 산부인과 의원. 4층은 당구장, 5층은 경양식집을 운영하고 있었는데 건물주는 다른 곳에 살면서 모두 전세나 월세로 임대하여 운영하고 있었다. 상철이도 매달 몇 백만 원이라는 거금으로 월세를 내고 있었다. 이 근처는 돈이 있어도 매물로 나온 건물이 없는 곳이다. 주변에 아파트들이 있고 먹자골목처럼 음식점도 즐비해서 오가는 사람들이 많았기 때문이다.

상철은 그곳에서 정말로 최선을 다해서 환자들을 돌보았다. 상철이의 첫인상은 다소 차거운 느낌이 들지만 대화를 해보면 쉽게 마음을 터놓을 정도로 환자들의 이야기를 잘 들어주고 상담을 하였다. 어느 병원이나 쓰는 주사나 약은 비슷비슷하지만 의사가 이렇게 상담을 해주는 데는 거의 없었다. 그저 사무적으로 로봇처럼 환자를 대하고 있었다. 상철이 이렇게 환자를 대하는 데는 본인의 타고난 성향도 있겠지만 상철 나름대로 병원 경영에 대하여 연구하고 앞으로 병원도 마케팅을 해야 한다는 마인드를 가지고 있었다. 게다가 알게 모르게 아버지에게 물려받은 사업수완이 이제 두각을 나타나기 시작해서 늘 기다리는 환자로 붐볐다. 그래

판박이 •

도 상철은 그들의 말을 대부분 들어주었다. 이러다가 마침내는 저녁 시간에 마감시간을 정해 그 시간까지 접수된 환자만 그날 진료하기로 했다. 왜냐하면 밀려드는 환자들을 진료하다 보면 근무시간을 넘기기 일쑤였기 때문이다. 그래도 환자들은 불만이 없었다. 환자도 사실 따지고 보면 돈이었다. 즉 "환자는 머니(Money)였다." 상철은 병원 운영으로 큰돈을 벌었고 병원은 나날이 번창했다.

그렇게 삼년쯤 지났을 때 이상한 소리가 들려오기 시작하였다. 건물주가 무엇을 했는지 돈을 탕진해서 병원이 입주한 5층짜리 건물이 통째로 날아가게 생겼다는 것이다. 이 소식을 듣게 된 세입자들은 즉시 모여서 대책을 논의하기 시작했다. 자칫하다간 전세금도 받지 못할 것이라고 걱정을 했다. 상철은 월세입자이기 때문에 큰 타격이 없겠지만 그동안 인테리어에 쏟아 부은 돈도 만만치 않았기에 큰 손해를 볼 수밖에 없어서 전전긍긍했다.

3층에 있는 산부인과는 여의사인데 여긴 전세입자로

만약 전세금을 받지 못하면 억대로 돈이 날아갈 것이라면서 큰 걱정을 했다. 그러지 않아도 출산율이 떨어져서 찾아오는 산모도 적은데 엎친 데 덮친 격이었다. 4층 당구장은 전세이고 5층 경양식집은 월세이다. 그러니까 1, 2, 5층은 월세고 3, 4층은 전세였다.

그들이 아무리 대책을 논해도 공염불처럼 해결책이 없이 겉도는 이야기뿐이었다. 이때 상철의 부모님은 사업이 계속 승승장구하여 주유소 두 곳에 3층짜리 상가 건물도 있고 예전부터 있었던 과수원과 전답도 그대로 가지고 있었다. 주유소는 남동생 희철이 운영하는데 모든 돈은 아버지가 관리하고 있었다. 그러니까 아버지는 아직 자식들에게 재산 분배인 상속을 하지 않았다. 희철도 월급 형식으로 아버지에게 돈을 받고 있었는데 월급이라고는 하나 상당한 금액이었다. 이러니 아버지는 남모르게 비축해둔 돈도 상당히 많았던 것이다. 이는 상철이도 대략 추측으로 알고 있었다. 그러면서 아버지는 병원 건물을 사든지 지어주겠다는 말을 가끔 하셨다. 이 말은 상철이 의과대에 입학할 때부터 하시던 말씀이어서 가족들이 다 알고 있었다.

희철도 결혼했는데 아들만 둘을 두었다. 상철은 중1(나영), 초6학년인 딸(다영)만 둘이고 희철은 아들(상만, 용만)만 둘이어서 어머니께서는 늘 아쉬워하셨다. 삼신할매가 공평치 못하다는 것이다. 둘 다 아들하나, 딸 하나면 얼마나 좋겠냐는 것인데 인위적으로 해결할 수는 없는 노릇이었다. 아무튼 부모형제가 화목하게 잘 지내고 있었고, 주위에서는 상철이 아버지를 조선시대 왕처럼 떠받들고 있었다. 이제 지역의 재벌이나 마찬가지였기 때문이다. 동네에서 큰일이 있을 때마다 아버지는 선뜻 돈을 한 뭉치씩 내놓았으니 그럴 만도 했다.

한편 상철과 세입자들이 하루하루를 근심 걱정 속에 보내는데 더 나쁜 소식이 들려왔다. 건물주가 은행 대출금을 갚지 않아서 얼마 후에 법원 경매로 넘어간다는 것이다. 경매로 넘어가면 건물 가격이 한마디로 시세보다 훨씬 낮은 헐값으로 넘어가는 경우가 많다면서 세입자들은 모두 우는 소리를 냈다.

그러던 어느 날 상철이 저녁때 병원 진료를 마감한 후 간호사들을 모두 퇴근시키고는 혼자서 걸어 나오는데 앞에 웬 남자가 불쑥 나타났다.

"안녕하세요. 박규태입니다."

"어어? 웬일이세요."

느닷없이 나타난 사람은 건물주 박규태였다. 나이는 오십대 후반쯤 되었는데 그동안 어디서 무얼 했는지 얼굴이 매우 초췌하였고 허리도 조금 굽어서 노인 형상을 하고 있었다.

"원장님께 긴히 드릴 말씀이 있어서 일부러 찾아왔습니다."

"저에게요?"

이렇게 해서 둘은 근처의 조용한 커피숍으로 자리를 옮겼다.

"원장님 저 좀 도와주십시오. 지금 벼랑 끝에 서있습니다."

박 사장은 이렇게 운을 뗀 뒤에 하소연을 하기 시작

하였다. 무슨 사업을 떠벌이다가 쫄딱 망했다는데, 상철이 추측하기에는 남모르게 도박을 한 것 같았다. 어디서 도박을 했는지는 아무도 몰랐는데 들리는 말에 의하면 홍콩이나 마카오를 드나드는 것을 보았다는 사람도 있다고 하였다. 물론 지금 와서 그게 중요한 것은 아니다. 박 사장은 망해가는 건물을 한 푼이라도 더 받기 위해선 경매로 넘어가면 안 되기에 상철에게 찾아온 것이었다.

"원장님도 소문 들으셔서 아실 겁니다. 법원 경매로 넘어가면 똥값입니다. 그러니 원장님께서 인수를 해주세요. 지금 세입자 중에 잘나가는 집은 원장님밖에 없습니다. 지금 들어있는 월세를 전세로 돌리고 추가로 현금 얼마 더하면 그냥 5층 건물이 원장님 손으로 떨어지는 겁니다."

박 사장은 이런 식으로 상철에게 건물을 매입할 것을 애원하고 있었다. 하지만 상철도 선뜻 대답을 할 수가 없었다. 수중에 몇 십 억이란 돈은 없기 때문이다.

"박 사장님, 정말 딱하게 되었네요. 그런데 제가 지

금 수중에 그렇게 큰돈은 없습니다."

"원장님, 살려주십시오. 시골 아버님이 주유소를 하신다는데 아마 융통하실 수 있을 겁니다."

이 사람은 어떻게 상철이 집안도 잘 아는 체하였다. 이 사람을 만나긴 했는데 시골 아버지가 주유소를 운영한다고는 말을 한 적이 없는 것 같았다. 어쩌면 어디서 누구에게 들었는지 모른다. 그것도 아니면 다급하니까 세입자에 대하여 현금 동원력이 있는지 이리저리 알아보았을 수도 있다.

"글쎄요. 아버님이 하시는 사업하고는 별개입니다. 혹시 융통해 주신다 해도 결국 제가 갚아야 할 돈이잖아요."

"아이구 원장님, 한번만 살려주십시오. 일단 융통을 하면 그 다음 대책이 나올 것입니다."

박 사장은 집요하게 부탁을 하여 마침내 상철은 시골에 내려가서 아버지에게 상의해본다고 둘러대고 말았다. 박 사장은 전화라도 먼저 하라고 했는데 상철은 그건 예의가 아니라면서 직접 뵙고 말씀드려야 한다고 했다. 이에 박 사장은 따라 간다고 하였으나 상철은 안 된다고 잘라 말했다.

그날 저녁 상철은 아내와 상의를 하고는 일단 시골집에 가서 아버지의 의향을 알아봐야겠다고 했다. 그리고 다음날 상철은 한 시간 일찍 병원 문을 닫고는 시골로 향하였다.

늘 그렇듯이 부모님은 상철을 매우 반기었다.

"웬일이냐? 말도 없이 갑자기 내려오고. 무슨 일 있어?"

"없어요. 갑자기 상의해야 할 일이 있어서 내려왔습니다."

"그래? 뭔데 그래."

이렇게 해서 상철은 그간에 있었던 병원 건물에 대하여 아는 대로 소상히 말씀드렸다.

"그럼 이참에 어떻게 매입해보자. 그 지경이면 시가보다 훨씬 싸게 매입 가능하다."

아버지는 아주 호의적으로 나왔다.

이렇게 해서 상철은 아내와 또 상의를 하고 아버지와도 다시 상의해서 시가 60억 빌딩을 매입하기로 했다. 시가 60억이지만 지금 경매 직전이므로 반값에 얼마를 추가하면 될 것 같다고 결론짓고 박규태 사장에게 의사를 타진(打診)을 했다. 박 사장은 펄쩍 뛰었으나 상철도 더 이상 현금 동원은 불가하다고 한마디로 못을 박았다. 결국 약간의 시소게임을 한 끝에 40억으로 매매에 동의했다.

10억은 상철과 아내가 준비하고, 10억은 건물 전세금으로 어떻게 대체하고, 20억으로는 1, 2, 5층을 매입하기로 했다. 그 다음에는 건물을 리모델링해서 복합 병원으로 개조하자고 결정했다. 1층 약국, 분식집, 편의점은 월세로 그대로 두자고 하고 여긴 외형만 깨끗하게 리모델링하기로 했다.

이리하여 5층짜리 건물을 상철이 명의로 이전하고 전세입자에게는 전세금을 주고 이사 가라고 했다. 세입자들은 모두 뛸 듯이 좋아했다, 3층의 산부인과 여의사도 좋아죽으려고 했다.

모든 건물을 짐을 임시로 옮기고 한 달 동안 리모델링을 해서 내부 인테리어를 고급으로 바꾸었다. 대개의 이런 건물들이 입구나 복도 엘리베이터 등이 꼬질꼬질한데, 입구는 바닥을 대리석으로 바꾸어 최고급 호텔처럼 꾸몄다. 그러니까 1층을 제외한 나머지 층은 모두 병원에 맞게 인테리어를 바꾼 것이다. 이처럼 복합 병원으로 꾸몄더니 세입자들이 금세 나타났다. 아내가 있던 병원도 여기로 옮겼다.

　마침내 또 한 달도 안 되어서 병원 입주가 마무리되었다. 1층은 약국, 분식집, 편의점, 2층은 상철이 운영하는 현 내과, 3층은 산부인과, 4층은 치과, 5층은 아내가 운영하는 홍 이비인후과가 입주했다. 이런 일이 상철이 39세 때로 모든 게 돈의 위력(威力) 덕분이었다. 이제 돈이 돈을 벌어들이는 형국이어서 상철에게도 아버지처럼 자고 일어나면 돈이 쌓이고 있었다.

그날 밤.

상철은 잠 못 이루고 뒤척거리다가 한밤중에 아내 모르게 일어나 소주를 반병이나 마시고 간신히 잠에 들었다.

다음날도 하루 종일 마음이 싱숭생숭하였다. 상철은 하루 일과가 끝나자마자 차를 몰고 어제 그 은하수 마트로 가서 천천히 운전을 하면서 그 청년을 찾았으나 보이질 않았다. 상철은 매장에 들어가지 않고 다시 천천히 차를 몰아서 내려왔다가 다시 진입하여 일부러 3, 4, 5층의 주차장을 배회하였으나 끝내 청년의 모습은 보이질 않았다.

그 다음날인 화요일이었다. 상철은 일과가 끝나고 또 차를 몰고 은하수 마트로 갔다. 오늘은 망원 기능이 있는 디지털 카메라를 가지고 왔다. 몰래 그 청년의 사진을 찍어보려는 것이었다. 오늘은 그 청년이 3층에서 주차 유도를 하고 있었다. 상철은 떨리는 마음을 억제하면서 차문을 살짝 열고는 사진을 몇 컷 찍었다. 확인해 보니 옆모습과 앞모습이 찍혀서 얼굴이 확연히 나타나

보였다.

　마치 이십대의 자기 얼굴을 보는 것과 똑같았다. 상철은 이미지를 폰카에도 복사하고는 아무것도 사지 않은 채 집으로 돌아왔다. 오늘은 아내가 모임이 있다고 해서 어린 두 딸만이 집에 있었는데 여자애들이라 그런지 아빠의 저녁상을 봐놓고는 기다리고 있었다. 그 모습이 얼마나 깜찍하고 귀엽고 이쁜지 상철은 애들을 안아주고 볼을 비비고 그랬다. 말할 수 없는 행복감이 온몸을 감싸 안았다.

　저녁을 먹고 방에 들어온 상철은 폰카를 꺼내어 아까 그 청년 사진을 확대해 가면서 자세히 들여다보았다. 상철과 나이만 다르지 쌍둥이나 마찬가지였다.

　여러 가지 상념에 빠져있던 상철은 일단 아내 몰래 이 청년이 누군가 신원이라도 알아야 하겠다고 마음먹고는 여기저기 알아보고 인터넷을 뒤져서 사설 흥신소의 전화번호를 알아냈다.

　"여보세요?"

"예, 말씀하시지요."

"저기 다른 게 아니라 사람을 알아보려구요."

"사람요? 뒷조사인가요? 채무 관계요? 여자관계요?"

"그런 건 아니고 그냥 어떤 청년의 신원을 알아보려구요. 주소하고."

"아 그거요. 할 수 있지요. 하지만 요즘은 위험부담이 아주 큽니다. 자칫하다간 쇠고랑이오. 그래서 하시겠어요? 비용도 쎕니다."

"그래요? 그렇게 위험한 일은 아닌 것 같은데."

"그렇지요. 위험한 일은 아닌데 요즘 개인 정보보호가 강화되어서 공연히 남의 신원을 알아내려다가 걸리면 볼 것 없이 콩밥 먹기 십상입니다. 그래서 위험 부담이 아주 크다는 거요. 예전 같으면 별것도 아닌 것들이 지금은 다 법에 걸리는 수가 많아요."

들고 보니 맞는 말이었다. 병원에서도 개인 정보를 유출하지 말라고 공문도 여러 차례 왔던 터이다. 꼭 필요한 개인정보도 본인의 동의를 받아야 하는 세상이다.

"그러면 할 수 없나요?"

"있긴 한데 비용이 쎄다구요. 그 정도만 알아내려고 해도 적어도 600은 주어야 합니다."

"600이라면 육백만 원인가요?"

"그렇지요. 착수금으로 300 받고 최종 300 주시면 됩니다."

상철은 잠시 망설였지만 더 이상 다른 방법이 없었다. 그래서 내일 저녁때 근처의 레인보우 커피숍에서 흥신소 직원을 만나기로 하였다.

다음날 저녁, 레인보우 커피숍.

"안녕하세요? 사장님이 신원조회 의뢰하셨나요?"

삼십대 후반쯤으로 보이는 키가 조금 작은 남자였다.

"예. 젊은 청년을 좀 알아보려구요."

"그래요? 할 수 있습니다. 뭐 기초자료 같은 거 없나요?"

"사진만 있습니다. 근무처도 알아요."

상철이 폰카의 사진을 보여주니까 그 직원은 두 눈을 동그랗게 뜨면서 놀라워한다.

"사장님, 똑같은데요. 판박이예요. 어디서 몰래 키

웠나요?"

"그건 아니고 우연히 얼굴이 같기에 누군가 하고 궁금해서 그럽니다. 세상에는 한 핏줄이 아니어도 닮은 꼴 사람들이 더러 있잖아요."

"그렇긴 하지요. 미국의 어떤 배우도 자기랑 똑같은 사람이 있다고 TV에서 소개하는 것을 보았습니다."

"나도 그 프로그램 보았어요. 여러 명이더군요."

"하하하, 아무튼 공감이 갑니다. 어떤 사람인지 대강이라도 알아봐 드리죠. 착수금은 어제 얘기한 대로 삼백입니다."

"그럼 어제 전화 받으신 분인가요?"

"아닙니다. 그 사람은 사무실 대빵(대장)이죠."

이러면서 그 사람이 명함을 건네는데 명함에는 '대리기사 김유신'으로 되어 있었다.

"운전 대리기사이신가요?"

"예, 투잡이지요."

"이름이 좋네요. 본명이신가요?"

"하하하, 아니에요. 이 바닥에서 본명 쓰는 사람들

거의 없습니다. 닉네임이죠. 김유신, 외우기 쉬운 이름이잖아요."

"맞아요. 언젠가부터 우리 사회에 닉네임이 아주 보편화 되었어요. 무슨 모임에 가면 아예 처음부터 닉네임을 씁니다."

"시대가 그렇게 바뀌네요."

상철은 김유신과 몇 마디 대화를 더하면서 청년의 인적사항인 이름, 나이, 학벌, 사는 곳을 먼저 알아봐달라고 했다. 상철은 명함은 주지 않고 스마트폰 전화번호만 알려주고 현 사장이라고 말했다. 착수금으로 300만 원을 받아든 김유신은 만족한 웃음을 지으면서 그정도면 삼 일이면 알아올 수 있으니 삼 일 후 저녁때 여기 레인보우 커피숍에서 만나자고 했다.

상철은 싱숭생숭하고 설레기도 하고 갑자기 심장이 쿵쾅거리듯 뛰기도 하였다. 이런 기분은 난생처음이었다. 신혼 첫날밤도 이 정도는 아니었고, 애니와 첫날밤을 보낼 때도 이 정도는 아니었다. 그리고 무언지 모를 중압감에 심신이 피곤하기만 하였다. 아내가 눈치를 채고 어디 아프냐고 묻기에 요즘 봄이라 그런지 많이 피곤하다고 둘러대고 말았다.

　삼 일 후 저녁 때 약속장소인 레인보우 커피숍에 상철이 먼저 나가서 기다리는데 김유신이 유쾌한 모습으로 나타났다.

　"사장님, 아주 어렵지 않게 간단한 신원을 알아봤습니다."

　"아 그러셨어요. 혼자서 하나요?"

　"혼자서 하자면 시간이 더 걸려요. 이인일조로 움직여야 신속하게 행동하지요."

　잠시 후 듣고 보니 집을 알아내는 것은 그냥 퇴근할 때 미행하는 것이고 다른 것들은 주변 사람들에게 지나가는 말처럼 어떻게 은근히 물어봐서 알아낸다고 하였다. 그렇게 해서 총 600만 원을 벌게 된다는 것은 아주 큰돈이었기에 김유신은 지금 싱글벙글하고 있는 것이다.

"사장님, 그 사장님 닮은 청년의 이름은 최두호이고요, 나이는 스물네 살, 고등학교 졸업하고 군대 제대한 후 이렇다 할 직업 없이 여기저기 알바를 뛰는 모양입니다. 집은 아리동의 반지하방인데 자기 소유인지 셋집인지는 아직 모릅니다. 어머니와 단둘이서 살고 있다고 하네요."

"아 그래요? 그 정도만 알아도 되겠습니다."

"그러실 겁니다. 지금은 등본이나 초본 같은 것은 떼지 못해요."

주민등록 등본이나 초본은 뗄 수가 없다는 것이다.

"김 기사님, 한 가지만 더 부탁합시다. 그 청년을 만나서 어떻게 잘 구슬려서 저녁때 한번 데리고 나와요. 내가 그 청년을 만나볼 테니. 김 기사가 거기까지만 해주면 되겠습니다."

"그러지요. 어느 사장님이 꼭 보고 싶다고 전하고 데리고 나오겠습니다. 어디로 나갈까요?"

"여기서 저 위쪽으로 백여 미터 가면 조용한 한정식집이 있어요. 무지개 한정식이라고."

"아이구, 거기 비싸다고 소문난 집인데요."

"아 괜찮아요. 김 기사는 거기로 데리고만 나와요."

"알았습니다. 언제요?"

"그건 그 청년이랑 상의해서 시간 날 때 정하면 되지요. 난 저녁때는 늘 시간이 있고 일요일은 대개가 하루종일 시간이 있습니다. 약속 정해지면 문자로 연락하세요. 전화 받기 어려우니까."

"예, 그렇게 진행하겠습니다."

다음날 저녁 김 기사로부터 문자가 왔다.

"내일 저녁 6시 무지개로 나감"

수완 좋고 말주변 좋은 김 기사는 그 청년을 직접 만나서 어떤 사장님이 마음에 들어 한다면서 어쩌면 취업 문제일 것 같다고 둘러대어 아주 손쉽게 그 청년을 섭외한 것이다.

약속한 날 저녁 무지개 한정식집이었다. 상철이 예약된 3층 룸으로 들어가자마자, 먼저 와 있던 김 기사와

판박이 •

청년이 서 있다가 인사를 하였다.

　그런 순간 상철과 그 청년의 눈이 마주쳤다.

　"허억~"

　"어어~"

　둘은 동시에 낮은 비명을 질렀다.

　"사장님, 전 이제 미션 완료했습니다. 가도 되겠지요?"

　"어~ 그래요."

　상철은 김 기사에 잠깐 밖으로 나오라고 한 후 미리 준비한 잔금 300만 원이 든 봉투를 건넸다.

　김 기사는 입이 함박만 하게 벌어지면서 "사장님, 어려운 일 있으면 꼭 부르세요."라면서 인사를 하고는 사라졌다. 김 기사는 너무 기분이 좋아서 미쳐죽을 지경이었다. 이렇게 간단한 일은 이삼백만 원만 받아도 감지덕지인데 사무실 대빵이 전화를 받고는 똥배짱으로 육백만 원을 불렀는데 그대로 진행되었다는 것이다. 이런 데 종사하는 사람은 관상을 보듯이 사람을 꿰뚫어 보고 목소리만 들어도 돈 많은 사장인지 사모님인지 알아챈다는 것이다.

청년은 아직도 앉지도 못하고 긴장된 모습이 역력
하다.

"젊은이, 어려워 말고 앉게나, 우연히 지나다가 나랑
너무 닮아서 한번 불러보았으니 어려워 말고 앉아. 저
녁이나 먹으면서 얘기나 해보세. 전생에 무슨 인연이
있었나."

"예. 사장님."

"이름이 뭔가?"

"최두호입니다."

최두호라면 자기의 이름인 현상철하고는 아주 무관
하다. 상철은 순간적으로 우연히 닮은꼴 청년을 만났
네 하고 생각했다.

"사장님, 먼저 소주 한잔 할 수 있을까요?"

그 젊은이도 혼란에 빠져 속이 타들어가기에 먼저 술
한잔을 하고 싶다고 한 것이다.

"어~ 그러게."

176   판박이 •

상철은 호출벨을 눌러서 소주와 간단한 안주를 먼저 가져오라고 했더니 밖에서 대기하고 있던 아가씨가 곧바로 소주 한 병과 부침개를 가지고 들어왔다.

예의상 그 청년이 상철에게 소주 한 잔을 따랐고 상철도 그 청년에게 소주 한 잔을 따라서 그냥 별말 없이 각자 마시었다. 왠지 분위기가 매우 어색하게만 돌아가고 있었기 때문이다. 그 청년은 소주 한 잔을 자작으로 더 마셨다. 그러곤 침을 한번 꿀꺽 소리가 나도록 삼키더니 입을 열었다.

"사장님. 사실은 제가 사생아(私生兒)로 태어나서 아버지가 누군지 모릅니다."

"뭐어? 그래도 어머니는 아실 것 아닌가, 아주 뜨내기로 만났거나 겁탈을 당하기 전에는 어떤 남자와 교제를 했는지 알 텐데."

"그런 것도 아니고 어머니가 젊은 시절에 어떤 대학생을 알게 되어 하룻밤을 보냈는데 그때 저를 임신했다고 하셨어요."

이 말에 상철은 심장이 요동치기 시작했다.

"그래서?"

"그 남학생의 이름이 김승호라고 했습니다."

기억을 더듬던 상철은 정말로 벼락에 맞은 듯하였다. 그런데 김승호라는 이름이 생각이 나질 않았다. 왜냐하면 당시에 이름을 알릴 때 무의식적으로 김승호라고 단 한번 말했고 이후로는 모두 술탄이란 별명으로 불렸기 때문이다. 이러니 이십 년이 넘은 지금에 와서 김승호라는 이름이 기억날 리가 없었다. 자기가 그렇게 이름을 둘러대었는지조차 생각나질 않았다.

"어허, 그런가. 생소한 이름이군. 자네 어머니 성함은 무엇인가?"

"최연희입니다."

상철이가 듣고 보니 이 또한 생소하다. 그도 그럴것이 다방아가씨와 처음으로 통성명할 때 애니는 분명히 최연희라고 자기 본명을 말했으나 그 이후로는 단 한번도 최연희라고 불러본 적이 없었기 때문이다. 즉, 상철은 자기가 말한 '김승호'나 애니가 말한 '최연희'라는 이름이 전혀 기억이 없었다. 24년이란 세월이 그렇게 만든 것이다.

'으흠, 아무리 생각해도 처음 듣는 이름인데, 여자 이름은 분명한데, 누군가?'

상철이가 잠시 고개를 갸우뚱거리면서 기억을 더듬 었으나 도무지 떠오르는 인물이 없었다.

"김승호 학생의 별명이 술탄이라는데 서로 간에 별명 을 불렀다고 하네요."

"뭐어? 술탄?"

"네에, 어머니의 별명은 애니인데 지금도 쓰고 있습 니다."

이 소리를 듣자마자 상철의 심장은 거칠게 요동치기 시작했는데 간신히 진정을 하면서 애써 태연한 체하고 는 소주 한 잔을 자작으로 마시었다.

당시 상철이 애니를 좋아하긴 했지만 입대 전에 운 좋게 그저 거리의 여자를 만나서 총각 딱지를 떼었다 라고 생각했던 것이다. 하지만 그 여자(애니, 최연희)는 그게 아니었다. 일편단심으로 술탄을 사랑했고, 언젠가는 그 남학생이 자기를 찾아올 것을 굳게 믿었던 것이다.

최연희의 기구한 인생은 여기서부터 시작되었다. 임신 몇 개월 후에 다방일이 힘들어서 집에 갔으나 불같은 성격의 아버지에게 크게 혼났다. 아버지는 앞으로 집에 발길도 들이지 말라고 했다.

연희는 다시 다방으로 가서 주인 마담에게 자초지종을 말하고 일단 여기에서 배가 어느 정도 부를 때까지 레지노릇을 하겠다고 했다. 마담은 그래도 인정이 있어서 너 같은 아이가 조선 땅에 한두 명이 아니다. 지금이라도 늦지 않았으니 병원에 가서 지우라는 말만 거듭했다. 야매로 하는 데도 있는데 병원비는 자기가 내주겠다고 했다.

하지만 연희는 첫아이를 낳고 싶었고, 막연하게 성실

하고 순진해 보이는 승호가 언젠가는 나타날 것만 같았
다. 자기가 이런 곳에 생활을 해도 정숙한 여자였다는
것을 승호도 알고 있었기에 일편단심 기다리려고 했다.

육칠 개월쯤 후에 몸태가 날 때 연희는 근처의 사글
셋방을 얻어서 이것저것 닥치는 일을 했다, 파트타임
으로 식당일도 다시 나갔다. 시골집과는 완전히 인연
을 끊었다.

이렇게 극한 생활을 하는 중에 친하게 지내던 시골
친구와 전화를 하거나 편지를 주고받곤 했다. 때로는
친구가 양식과 부식을 보내주기도 하였다. 그리고 나
중에 안 일이지만 어머니도 이런 사실을 알고는 친구를
통해서 양식과 부식을 보내고 있었다. 그러니 일단 끼
니 걱정을 하지 않아도 되었기에 그런대로 알바 겸 여
러 일을 하면서 세월을 보냈다.

만삭이 되어서 몸을 움직이기가 어려워서 친구를 통
해서 어머니에게 이 사실을 알리고 서울에 올라와서 도

와달라고 요청을 했다. 집에도 전화가 있었지만 아버지가 받을까봐 겁이 나서 차마 전화를 하지 못했다. 그러나 이런 일을 어머니 혼자서만 알고 있을 수도 없었다. 어머니는 아버지와 또 대판 싸우고 "죽어가는 내 새끼 살리러 서울에 간다."라면서 서울에 올라와서 애니를 돌보았다. 그런데 보름도 되질 않아서 아버지가 위중하다는 전화가 왔다. 어머니는 너무 놀라서 급히 내려갔는데 아버지는 화병이 악화되고 술을 마구 퍼마시어 며칠 더 살지 못하고 운명을 하시었다. 그 비통한 소식을 들은 애니는 만삭이 된 배로 내려가려고 하였지만 엄마와 동생들이 극구 반대를 하였다. 그 몸으로 내려왔다가는 또 어떤 불상사가 일어날지 모르니 그냥 거기 있으라는 것이다. 이래서 애니는 눈물만 빼야 했다.

상을 치른 어머니가 올라오셔서 아이의 출산을 도와서 건강한 사내아이를 낳았다. 예정보다 열흘 정도 일찍 태어났다는데 그건 아무런 상관이 없다고 의사가 말했다. 10월초가 예정일인데 9월말에 아기를 낳은 것이다. 전후사정이야 어찌 되었든 애니와 어머니는 매우

판박이 •

기뻐하였다.

그즈음 애니의 어머니는 돈 봉투를 애니에게 건넸다. 이 돈은 애니가 서울에 와서 식당일, 다방일을 하면서 매달 조금씩 보낸 돈을 모은 것이었다. 어머니는 그 돈을 한 푼도 쓰지 않고 모아두었다가 나중에 애니를 시집 보낼 때 쓰려고 했었다는데 이런 일이 벌어졌으니 지금 써야 한다고 했다. 애니는 어머니의 두 손을 붙잡고 한없이 울었다.

아들은 어머니 성을 따라서 최두호(崔頭護)로 호적에 올렸다. 동사무소 직원에게 아빠가 누군지 모른다고 하니까 사유를 쓰고 엄마의 성으로 올리라고 한 것이다.

어머니는 한 달쯤 후에 시골집으로 내려갔고 애니는 혼자서 육 개월가량 아이와 같이 지냈다. 하지만 가진 돈은 바닥이 나고 있어서 다시 돈을 벌러 나가야야만 했다.

간간히 전화로 소식을 주고받던 달무리 마담 언니가

아직 사람을 구하지 못했으니 예전 몸처럼 회복되었으면 한번 나와 보라고 하였다. 애니는 기쁜 마음에 달무리로 갔고, 언니는 아이를 어디다 맡기고 출퇴근을 하라고 했다. 애니는 어떻게든 여기 달무리에 있어야 했다. 왜냐하면 술탄이 찾아올지 모르기 때문이다. 마침 동네에 아이를 돌봐주겠다는 할머니가 있어서 용돈 정도만 드리고 아이를 맡겼다. 애니는 아침에 이 할머니에게 아이를 맡기고 저녁 늦게 데려왔다.

애니는 그렇게 거기서 또 일 년을 보냈다. 지금쯤 술탄도 제대할 때가 되었을는데 단 한 번도 찾아오질 않았다. 애니는 큰 실망감으로 하루하루를 보내면서 두호를 키웠다. 두호는 병치레 없이 아주 잘 컸다. 그렇게 또 일 년이 지났다. 술탄은 이제 제대를 하고 복학했을 것이다. Y대학교 수학과에 가보고 싶은 생각이 들었으나 차마 가보지는 못했다.

그런데 그때쯤 해서 좋지 않은 일이 일어나고 있었다. 다방 경영이 날이 갈수록 어려워지는데 달무리로 올라오는 큰길가에 신식 커피숍이 생긴 것이다. 이렇게 해서 다방 운영은 기로(岐路: 갈림길)에 서게 되었다. 마담은 더 이상 버틸 수가 없어서 다방을 포기하고 어디 임대료가 싼 곳으로 가서 전통 찻집을 운영하든가 아니면 분식집을 해야겠다고 하면서 다방문을 닫았다. 애니에게 같이 가자고 하였으나 애니는 여기 아리동을 떠날 수가 없었다. 언젠가 술탄이 찾아온다면 여기 달무리 다방이 있던 아리동으로 올 것이기 때문이다. 이 넓은 서울 어느 구석에 처박혀 있다면 영영 만날 기회가 없어지는 것이다. 있던 자리에 있어야 했다.

이때부터 애니는 예전처럼 식당 홀서빙으로 나가고, 때로는 파출부로도 나가고 일거리가 있는 곳을 찾아다녔다. 예쁘장한 애니에게 마음을 두고 껄떡대는 사내들도 있었으나 그 어떤 남자도 술탄만 못하였기에 모두 거절하고 말았다.

잔병치레 없이 무럭무럭 잘 자란 두호는 아리동에 있는 아리 초등학교, 아리 중학교를 졸업하고 돈이 없어서 대학 진학을 포기하고 서웅고등학교라는 실업학교에 진학했다. 두호는 술탄을 닮아가면서 명석한 머리로 공부도 잘했다. 그 역시 수학과목을 좋아했다. 하나를 가르치면 열을 알 정도여서 애니는 커가는 두호를 보면서 술탄과 점점 똑같아지는 모습을 매우 기쁘게 생각하였다. 하지만 학벌이 좋지 않은 두호는 군제대 후 이렇다 할 직업을 찾지 못한 채 대리운전도 하고 마트에서 주차 유도원도 하는 등 닥치는 대로 일거리를 찾아다녀야 했다.

이렇게 애니는 이십사 년이란 세월을 버티고 있다가 최근 들어서 중병에 걸려 자리에 눕고 말았다.

상철의 머릿속은 폭탄이 터진 듯 요란해져서 일부러 화젯거리를 다른 데로 돌리면서 진정해야 했다. 아직 상철은 자기의 닉네임이 술탄이라고 말하지 않았다.

"그래 그럼 지금 어머니는 어디서 무얼 하시나?"

판박이 •

"어머니 혼자서 저를 키우느라고 기력을 다 하셨는지 얼마 전부터 시름시름 앓기 시작하다가 지금은 자리에 눕고 말았습니다."

"아 그럼, 어서 병원으로 모셔야지."

상철은 반사적으로 이런 말이 튀어나왔다.

"여유가 없어서 큰 병원에는 아직 가보지 못했습니다."

"뭐라고? 여유가 없다니 시간이 없다는 건가 돈이 없다는 건가?"

"돈이 없지요. MRI를 찍어보라는데 그게 오륙십만 원이나 한다고 합니다. 그것 말고도 여러 가지 정밀검사를 받아야 한다고 하는데, 그게 다 고가(高價)이지요. 그래서 그냥 약만 먹고 있어요."

두호는 끝내 고개를 숙이고는 눈물을 훔치고 있었다. 상철은 이 젊은이가 자기 아들임이 거의 분명하였으나 섣불리 말은 꺼내지 못하고 일단 어머니가 누군지 알아봐야겠다고 마음먹었다.

"자네, 혹시 내가 어머니를 한번 볼 수 있을까. 이렇게 만난 것도 인연인데 말이야."

"집이 누추합니다."

"그건 상관없어. 어딘데?"

상철은 흥신소 직원에게 아리동에서 산다고 얘기를 들었지만 다시 한번 물었다.

"아리동이예요."

"으흠, 거기 언덕길이 많은 동네네."

"예, 맞아요. 거기 중턱쯤 반지하방에서 살아요."

들으면 들을수록 가슴만 먹먹해졌다. 그런 와중에도 상철은 최대한 진정을 해가면서 침착하게 두호와 대화를 이어나갔고, 내일 저녁때 두호의 집에 가보기로 했다.

"사장님, 차 가지고 오시면 안 됩니다. 근처에 주차할 데가 없어요. 택시 타고 큰길가 해피 커피숍 앞에서 내리면 거기서 제가 기다리겠습니다."

"어 그럴까. 해피 커피숍 하면 쉽게 찾을까?"

"예, 다 알아요. 몰라도 내비 찍으면 되니까요."

"그럼 그렇게 하지. 내일 저녁 6시 30분에 커피숍 앞에서 만나."

"예."

판박이 •

·

5

24년 만의
해후(邂逅)

·

5

매사를 수학문제 풀듯이 신중하게 접근하는 상철은 큰 혼란에 빠졌다. 24년 전 하룻밤 풋사랑이 이렇게 될 줄 몰랐던 것이다. 두호는 99% 자기 아들이었고, 1%는 애니를 만나서 확인하는 것뿐이었다.

이 엄청난 결과에 상철은 번민을 거듭하였다. 집에 들어가지 않고 아파트 근처의 포장마차 술집에 앉아서 술을 마시다가 아내를 불러내었다. 아내는 무슨 큰 사건이 일어난 줄 알고는 놀란 표정으로 급히 나왔다.

"무슨 일 있어?"

아내가 놀란 눈으로 물어보면서 들어섰다.

상철은 어느 정도 취해서 눈동자가 약간 풀려있다. 아내는 같은 의과대학 동기인데 다섯 살 아래의 순진한 여자였다. 상철이 수학과를 포기하고 입시공부를 하여 의과대에 들어가서 만난 같은 과의 여학생이었다. 아내 홍미나를 알게 된 이래 친구처럼 지내다가 3학년 때부터 연애가 시작되었고, 이후로 둘은 한눈팔지 않고 교제를 한 끝에 결혼하여 지금 딸 둘을 두고 있으니 결혼생활은 그 어떤 사람도 부러워할 순탄대로였다. 게다가 부부 의사가 아닌가. 둘은 뭇사람들의 부러워하는 시선을 한 몸에 받고 있었다.

"응, 생각지도 않았던 사건이 터졌어."

"무슨 사건? 교통사고라도 났나?"

"아니, 그런 사건이 아니라 인간사야."

"인간사? 그럼 어떤 사람에게 무슨 일이 났나?"

"그런 셈이야, 그게 바로 나야. 지금 머리가 터져서 죽을 것 같아."

"뭐어? 도대체 무슨 일이 있길래 그래. 어서 말을

판박이 •

해봐."

"듣고 놀라지 말아, 사실은 젊은 시절에 군에 가기 전에 일이야."

"이십 년도 더 된 일이구만, 그럼 그때 그 시절 사람 이야기네."

명석한 두뇌인 아내는 머리 회전력도 빨랐다.

"그때 군 입대를 앞둔 젊은이들에게 이상한 분위기가 유행했어."

"무슨 분위기인데 그렇게 심각해?"

"당시 젊은이들이 총각을 면하고 입대하는 분위기였 거든."

"그래서?"

"그래서 나도 얼결에 어떤 여자를 만나서 총각 신세 를 면했지."

"하이구야, 이제 알겠다. 어떤 사창가 갈보년을 만난 모양이네, 그래 그년이 지금 나타나서 뭐래?"

그의 아내는 얼굴 표정이 일그러졌다. 상철은 큰소리 가 나지 않게 하려고 최대한 자중을 하면서 설명을 해야 했다. 그러니 취했던 술이 다 깨어나고 있었다.

"그런 여자가 아니라 우연히 다방 아가씨를 만나게 되어서 하룻밤을 보내고 곧바로 입대했어."

"그러면 되었지, 남자들에게 있을 수 있는 일이네."

상철의 아내가 손톱만큼이나 호의적으로 나왔다.

"그렇게 하룻밤을 보내고 입대하고 제대한 후 다시 재수해서 의과대에 들어갔잖아. 자기도 여기부터는 잘 알고 있잖아."

"알아, 그래서 그 다음엔?"

"얼마 전에 은하수 마트에 가서 주차하려는데 어떤 젊은이가 주차 유도를 하는데 얼핏 보니 나랑 닮았어, 닮은 게 아니라 똑같아 보여. 그래서 다음엔 카메라를 가지고 가서 몰래 사진까지 찍었는데 보면 볼수록 내 젊은 시절과 똑같아. 그 청년이 누구인가 너무 궁금해서 사람을 시켜서 뒷조사를 해보았더니 내 자식이 거의 확실한 거 같아."

"뭐어? 그럼 그 여자가 단 하룻밤에 임신을 했다는 거야?"

판박이 •

"그런 거 같아."

"그걸 어떻게 믿어, 세상에 닮은 사람도 많더구만."

"내가 고민 끝에 사람을 시켜서 그 청년을 데리고 나오라고 해서 어제 저녁에 만나보았는데 99% 내 자식이야. 아이구, 내 원 참, 머리가 꼬인다. 그 여자의 닉네임도 그때 쓰는 거랑 똑같아. 나는 그때나 지금이나 술탄이라고 하는데 그것까지 알아."

"하이구 소설을 쓰네. 그래서 그 년이 나타나서 자리를 넘보겠다는 거야 뭐야?"

상철의 아내 홍미나는 발끈해서 지금 부인 자리를 넘보고 있느냐고 묻는 것이다.

"아이고 나 좀 살려줘. 지금 머리 터져서 당장 죽을 것 같아. 그런 뜻이 아니야. 입장 바꾸어서 생각해봐, 하룻밤 보낸 청년에게서 애가 생겨서 그 애를 낳고 24년이나 수절하면서 키웠다고 생각해봐."

"열녀 났네, 열녀 났어. 지금이 조선시대도 아니고 난 눈곱만큼도 믿어지질 않아. 요즘 세상에 그런 여자가 어디 있어?"

그의 아내가 '조선시대'라는 말을 하니 그때 애니가 '난 일편단심 조선시대 여자야.'라는 말이 천둥치듯 머릿속에 떠올랐다. 애니는 진짜로 그렇게 평생을 수절하면서 살아온 것이다.

"참말인 모양이야. 그래서 내일 저녁에 그 청년을 만나서 집에 가보기로 했어, 밖에서 만나려고 했는데 무슨 중병에 걸려서 자리에 누워있대. 불쌍해, 집도 반지하방에서 겨우 사나봐."

홍미나는 믿지 못한다는 듯이 항의를 하고 심한 말을 해대었다. 이제껏 살아오면서 순진녀인 아내의 입에서 이렇게 거친 말이 나오는 것은 처음이었다. 하지만 사실은 사실이었고 이제 그 사실을 확인하는 수밖에 없었다.

"나 좀 살려줘, 만약 그 청년이 내 자식이라면 최소한 도의적인 책임을 져야해. 인두겁(사람의 형상을 한 탈)을 쓰고는 그냥 넘어갈 수가 없어. 스물네 살 먹도록 단 한 푼 양육비도 안주고 잊고 살았다는 것은 내 양심이 허락지 않아. 내 핏줄이잖아."

판박이 •

마침내 상철은 눈물을 줄줄 흘려가면서 아내에게 애원했다.

성이 난 홍미나는 분을 쉽게 삭히지 못했다. 그러더니 잠시 후엔 조금 누그러들어서 내일 같이 가보자고 타협을 했다. 가서 자기 두 눈으로 확인을 해야겠다는 것이다.

다음날 저녁 상철과 홍미나는 택시를 타고 아리동으로 향했다.
"해피 커피숍"은 오래전 달무리 다방 올라가는 큰길가에 있었다. 그 앞에 키가 껑충하고 다소 호리호리한 청년이 서성이고 있었다.
택시에서 내리자마자 홍미나는 두 눈을 크게 뜨고는 놀라 자빠질 지경이 되었다. 젊은 시절의 상철과 진짜 판박이처럼 똑같았기 때문이다.

"안녕하세요. 사장님."
그 청년은 상철에게 인사를 하고는 똑같이 "안녕하

세요. 사모님." 하고 인사를 하는데, 그 목소리까지 남편과 똑같아서 홍미나는 기겁을 하고 말대답도 하지 못했다.

'진짜네, 아들이네, 판박이 복사판이야. 복사판.'

홍미나는 혼잣말로 중얼거렸다.

"집이 어딘가?"

"이 위쪽 중턱쯤에 있습니다."

"그런가 어서 가보세."

아리동 중턱이라면 예전에 상철이 살던 자취방이 있던 부근이었다. 당시에 상철은 18평짜리 3층을 전세 얻어서 살고 있었는데, 이 청년은 그 근처 어딘가 반지하방에서 산다고 했다. 여긴 경사진 동산에 계단식으로 연립주택(다세대 주택)을 많이 지었기에 반지하방이 많은 곳이다. 물론 건물에 따라 반지하방이 있는 건물과 없는 건물이 있다. 상철이 살던 연립주택은 반지하방이 없었다. 상철과 그 아내 홍미나는 그 청년의 뒤를 따라 십여 분 남짓 올라가서 어느 반지하방 앞에 섰다.

반지하라는 이름처럼 반 정도는 지하에 있고 반 정도는 땅 위에 있었고 땅에 나온 건물 벽은 창문으로 마감을 해 놓았다. 이러니 전체적으로 채광이 되질 않아서 일 년 내내 퀴퀴한 냄새와 곰팡이가 창궐하기 일쑤이다. 그래서 월세, 전세 및 매매가도 일반 지상층에 비하여 훨씬 싸다. 하지만 집 없이 떠돌다가 이런 반지하 방에라도 살게 되면 궁전 같은 느낌이 든다.

두호는 계단을 내려가서 열쇠로 현관문을 열고는 상철에게 들어오라고 했다. 들어서자마자 예상했던 대로 한밤중처럼 캄캄했고 퀴퀴한 냄새가 나고 있었다. 홍미나는 즉시 손으로 코를 막고 들어섰다.

두호는 거실 불을 켰다. 오래되고 초라한 소파와 탁자가 놓여 있었는데 탁자 위에는 아무것도 없다. 두호는 안방문을 열고는 "엄마, 사장님 오셨어." 하면서 형광등을 켰다. 그 순간 상철은 엄청난 궁금증과 호기심에 소파에 앉아 있지 못하고 안방으로 다가갔다.

불을 켜자마자 어느 여자가 침대에 누워 있다가 일어

나 앉는데 한눈에 보아도 애니였다.

"아~ 애니야!"

상철은 펄쩍 뛰어서 애니에게 다가갔고 애니 역시 한눈에 알아보고는 "술탄씨~" 하고 외마디 비명을 지르다시피 하였다. 상철과 애니는 네오디늄 자석이 들러붙듯이 서로 껴안고 눈물을 마구 쏟기 시작했다. 이게 얼마만인가? 24년이란 세월이 흘렀다.

이 놀라운 광경에 홍미나는 가슴속에서 울컥하고 솟구치는 측은지심에 숙연해지면서 눈물이 방울져 흘러내리기 시작하고, 두호 역시 옆에 서서 말없이 눈물만을 닦아낼 뿐이었다.

"그동안 어떻게 지냈어?"

"기다렸어, 술탄 씨가 언젠가 나를 찾아올 것이다, 이러면서 기다렸어."

"아이구, 그것도 하루이틀이지, 아이구, 내가 너무 무심했어, 내가 사람이 아니야."

판박이 •

"아니야, 지금 왔잖아. 이제 됐어. 저 아이가 술탄 씨 아들이야."

"응, 그런 거 같아, 나랑 똑같아."

"맞아, 똑같아, 성격도 똑같고 수학도 잘해."

둘은 눈물을 강물처럼 쏟아내어서 방바닥에 배를 띄울 정도였다. 한참동안 그렇게 눈물을 쏟은 둘은 거실로 자리를 옮겼다. 애니는 수척해진 몸에 걸음도 비척거렸다.

"사모님, 안녕하세요. 죄송해요."

애니는 상철이 아내를 알아보고는 인사를 했다.

"괜찮아요. 그동안 얼마나 고생이 많았어요."

눈물을 훔치던 홍미나가 겨우 답인사를 했다. 생각 같아선 어떤 년인가 둘러엎으려 왔는데 상황은 그렇지 않았다. 조선시대 열녀가 따로 없이 지고지순한 사랑을 두 눈으로 보고 있었던 것이다.

두호는 맥주와 새우깡을 가져왔다. 애니가 여기 오겠

다는 사장님이 술탄 씨인 것을 짐작하고는 미리 사놓은 것이다. 전에 술탄이 맥주와 새우깡을 아주 맛있게 먹던 모습이 떠올랐던 것이다.

넷은 그렇게 소파에 마주앉아 말없이 흐느끼면서 맥주 한잔을 마셨다.

"술탄 씨는 유명한 수학자가 되었나? 그렇게 수학을 좋아하더니."

"아니, 군에 가서 깨달은 바가 있어서 진로를 바꾸었어. 지금 의사야."

"뭐어? 의사라고? 수학자가 어떻게 의사가 되었어. 그런 방법도 있나?"

"처음부터 다시 시작했어. 고3처럼 입시공부 다시 하고 학력고사를 봐서 Y대학교 의과대학에 들어갔어."

"역시 머리가 비상하더니 그런 방법으로 인생 진로를 바꾸었네. 그때도 내가 천재라고 했잖아."

"응, 그랬지, 고마워, 그런데 어디가 그렇게 많이 아파?"

"그냥 여기저기, 가슴도 아프고 몇 달 전부터는 먹질

못해, 먹으면 토하고 소화도 안 돼. 갈 때가 되었나봐."

"그럼 병원엔 가보았어?"

"동네 병원은 갔었지. 그런데 큰 병원에 가서 정밀검사를 받아보라고 하더라구."

"그럼 큰 병원에 가야지."

"어떻게 가. 여유(돈)가 없는데, 빈자(貧者)는 그냥 이렇게 앓다가 가는 게 자연의 순리야. 병원은 돈 있는 부자(富者)들을 위해서 만들어진 거야. 그게 세상의 법칙이야."

애니가 담담하게 이렇게 말을 하니 상철과 미나의 가슴이 찢어질 듯했다.

상철은 또 눈물만을 찍어내다가 이윽고 입을 열었다.

"이제라도 알게 되어서 천만다행이야. 앞으로 할 일을 생각해봐."

"뭘, 난 아무것도 없어, 이렇게 찾아오는 것이 인생 목표였는데, 이제 내 할 노릇은 다 했어. 저 아이가 술탄 씨 아들이야. 두호야, 아버지시다. 인사 올려라."

이에 두호는 얼른 일어나서 바닥에서 무릎을 꿇고 절

을 하였다. 상철이는 두호를 어루만지면서 또 한바탕 눈물을 쏟아야 했다.

"이제 아무 여한이 없어, 가도 돼."

"그런 소리 마, 이제부터 시작이야. 그동안 어떻게 지냈어?"

"그럭저럭 지냈지, 죽지 않고 하루하루 살려고 애썼어, 내 인생은 접고 두 가지만 기원했어."

"두 가지가 뭔데?"

"하나는 술탄 씨가 찾아오는 것이고 또 하나는 우리 두호가 공부 잘하고 건강하게 자라기만 바랐어. 나는 이 두 가지에 내 인생을 올인한 거야."

애니가 이렇게 말하니 모두들 숙연해지면서 잠시 침묵이 흘렀다.

"정말 미안해, 진로를 바꾸느라고 공부에만 전념했어. 휴가 나와서도 서울에 단 하루도 있지 않고 시골에 가서 입시공부를 했거든. 그리고 또 일 년 재수해서 의과대에 합격했지. 그해 봄에 달무리에 찾아갔더니 건물을 철거하고 있더라구."

판박이 •

"아~ 그때 왔었구나. 달무리 다방은 그전에 없어졌어. 그 아래에 신식 커피숍이 생기면서부터 손님이 눈에 띄게 줄은 거야. 그래서 마담 언니는 더 이상 버틸 수가 없어서 어디 다른 곳으로 가서 전통 찻집을 운영한다고 했어. 나도 같이 가자는데 난 이 동네를 떠날 수가 없었지. 여기에서 살아야 술탄 씨가 찾아올 것 같았어."

"응, 그랬구나. 아무튼 내가 너무 무심했어. 그 전에 와보아야 했었는데, 정말 미안해."

"괜찮아. 이제 다 지난일인데. 아이가 자라면서 점점 술탄 씨와 똑같아지더라구. 그것으로 만족하고 살았어."

애니는 잠시 회상에 잠겼다가 입을 열었다.

"두호야 너 가서 상장철 좀 가져와봐."

"예."

두호가 일어나서 A 용지 파일철을 가져와서 애니에게 건넸다.

"이거 봐봐, 이게 다 우리 두호가 타온 상장이야."

애니가 건네준 상장철을 받아들고 펼쳐보니 무슨무

슨 대회상, 개근상, 우등상, 모범상 등이 앞뒤로 정리되어 있었다. 상철은 대충 보고 아내에게 건넸다. 그의 아내도 대략 넘겨보면서 마음이 짠해졌다. 자기도 모범생이어서 상을 꽤 많이 받았지만 이 정도로 상은 타지 못했다.

"내가 형편이 어려워서 과외나 학원도 한 번도 못 보냈어. 다행히 내가 학교 다닐 때 공부를 좀 했기에 우리 애를 데리고 매일 같이 공부시켰지. 늦게 들어오는 날도 빠지지 않고 그날그날 예습복습을 시켰어. 사실 애들 돌봐주는 게 그리 어렵진 않잖아, 귀찮아서 그렇지. 잘 모르는 것이 있으면 내가 배워서 가르쳐 주는 게 빠르지, 아들한테 혼자서 알아보라고 하면 하다가 못하는 거야, 포기하는 거야, 우리 학교 다닐 때도 그런 애들 있었잖아. 아무튼 우리 두호는 잘 따라 했어 정말 바르게 잘 커주었어."

"알아 나도 다 알아, 다 이해해, 이제 다 지난 추억이야."

"이렇게 찾아와 주었으니 고마워. 더 이상 바랄 것이

없어. 이대로 조용히 가면 돼."

애니는 몸도 아픈데다가 그동안 워낙 많이 시달려서 그런지 삶의 기력을 잃고 있었다. 상철은 말없이 맥주를 컵에 따라서 벌컥벌컥 마셨다. 속에서 불이 나는 것만 같았고 입이 바싹바싹 마르면서 갈증이 심히 났기 때문이다.

"이게 다 천지신명의 조화야, 나도 그렇게 쉽게 임신할 줄 몰랐어, 마담 언니는 지우라고 성화를 했지만 난 지울 수가 없었어. 이건 하늘의 뜻이다. 삼신할머니가 점지해주신 귀한 자식이다. 술탄 씨만 닮았다면 더 이상 바랄 것도 없다고 생각했어. 내가 좋아하고 사랑하던 사람의 아이를 임신했는데 어떻게 지우겠어. 그래서 참고 또 참아가면서 아이를 낳고 기른 거야. 그런데 곧 찾아 올 줄만 알았던 술탄 씨가 오질 않아서 한때는 아이와 함께 죽어버려야 한다는 극단적인 생각을 한 적도 있었어. 하지만 생글거리면서 재롱을 떨고 있는 아이와 어떻게 저세상으로 가겠어. 오직 일념으로 술탄 씨가 반드시 찾아 올 것이다, 그래서 여기 아리동을 못

떠난 거야. 이 넓은 서울 어느 구석에 처박혀 있으면 귀신도 못 찾을 테니까. 그렇게 세월을 보냈어."

"그래, 내가 잘못했어, 내가 죄인이야."

"정말 삼신할머니는 신묘(神妙: 신통하고 묘함)하시네. 내가 갈 때가 되니까 둘(상철, 두호)의 생혼(生魂: 살아있는 사람의 혼, 죽은 사람의 혼은 영혼(靈魂)이라고 한다.)을 불러내서 만나게 하다니."

애니의 말로는 상철이 끝내 찾아오지 않자 삼신할머니는 상철과 두호의 살아있는 혼을 불러내서 서로 만나게 한 것이라는 것이다.

애니가 이렇게 어려우면서도 신비한 표현을 쓰니까 상철은 물론이고 미나 역시 크게 놀랐다. 이 여자가 범상(凡常)치 않은 여자라는 생각이 든 것이다.

"맞아, 맞아, 그렇게 되었어. 그 순간 몇 초만 비켜 섰어도 못 알아봤을 거야."

상철이 대답하고는 또 입을 열었다.

"먼저 두 가지 일을 해야겠어."

판박이 •

그러더니 두호를 불렀다.

"두호야, 네가 일처리를 좀 해야겠다. 내일 아침 일찍 어머니 모시고 SB병원의 응급실로 가서 입원을 시켜. 그냥 가면 입원이 잘 안 돼, 기다리는 사람이 많아서. 그러니까 꼭 응급실로 가서 입원을 시키고 입원하면 담당 의사들이 나와서 진료를 할 거야. 지금 가슴하고 배가 아프다니까 MRI도 찍고 정밀검사를 할 거야. 거기에 내가 아는 의사들 몇 명 있으니까 나에게 문자나 카톡으로 연락을 해."

"예."

상철은 지갑에서 카드 한 장을 꺼냈다.

"이거 체크카드다. 지금 아마 천 몇 백만 원 정도 들어 있을 거야. 그러니까 병원비 걱정 말고 이 카드로 결제하고 필요한 것도 사. 너도 내일부터 알바 하지 말고 어머니 모시고 간병도 하고 병원일 봐야 한다."

"예, 고맙습니다."

"그리고 또 한 가지, 친자확인 검사를 해야 한다."

"안 해도 돼. 틀림없이 술탄 씨 아들이야."

애니가 말을 가로막으면서 해명을 했다.

"알아, 하지만 호적에 올리려면 증명 서류가 있어야
해. 친자라는 증명서가 있어야 공무원들이 호적에 올
려주지. 서류가 없으면 안 돼."

"으응, 그러네. 두호야, 저기 화장대 서랍 맨 안쪽에
반지 케이스 가져와."

"예."

곧바로 두호는 파란색의 반지 케이스를 가져왔다.

"이게 사랑의 증표로 준 반지야."

애니는 퇴색된 반지를 상철에게 건네주었다. 상철이
반지를 받아보니 감회가 새롭고 또 눈물이 솟구치기 시
작하였다. 첫날밤이라면서 다시 찾아오겠다는 증표로
주었던 반지. 오래되어 퇴색되었지만 그 반지가 맞다.
안쪽을 보니 "술탄 ♡ 애니"라고 새겨져 있었다.

"이거 하트하고 애니라고 누가 새겼어?"

"내가 새겼지. 송곳으로 새기느라고 손가락 찔려서
피났어."

이 말을 들은 상철은 가슴이 미어지는 것 같았다. 자
기는 그저 오다가다 만나서 스쳐 지나가는 사람처럼 대

했는데 애니는 천년사랑처럼 대했던 것이다.

이런 광경을 쳐다보던 미나 역시 상철에게 반지를 건네받아 들여다보면서 아무 말 없이 눈물을 훔쳐내고 있었다. 자기 같으면 천만 번도 더 포기했을 것이다. 그러나 이 여자는 단 하룻밤을 지낸 남자의 아기를 혼자서 24년이나 키웠다. 저절로 존경심이 생기고 있었다.

"친자 확인이 되면 내 호적에 올리고 성씨도 바뀌게 돼, 현씨로 바뀌어서 현두호가 되는 거야."

"뭐어? 김승호라고 했잖아?"

"그것도 본명이 아니었어, 그냥 가명처럼 말했던 거야. 본명은 현상철이야."

"옴마나, 본명, 가명, 별명을 다 쓰네. 난 본명이 김승호인 줄 알았는데."

"지난일인데 상관없어. 지금도 술탄은 닉네임으로 써."

상철이 변명으로 둘러대었다.

"나도 애니라고 아직도 쓰고 있어."

"응, 좋아. 친근감 있잖아."

다소 진정이 된 이들은 사사로운 대화를 조금 더 하고 집을 나섰다.

다음날 일찍 두호는 엄마를 SB병원 응급실에 입원시키고 아버지인 상철에게 문자를 보냈다. 일단 입원하게 되자 상철은 아는 의사들을 동원하여 정밀검사를 의뢰했고 삼일 후에 각종 검사 결과가 나왔다. 유방암과 만성위염이라는 것이다. 그것만 해도 천만다행이었다.

"현 원장인가? 나야 오기환이야."

의과대학 동기가 전화를 했다. 한동안 소식 없이 뜸했던 친구가 전화를 한 것이다. 오기환은 삼수를 해서 의과대에 들어왔다는데 나이는 두 살 아래여서 다소 격의 없이 지냈었다. 하지만 졸업 후에 각자의 길을 가다 보니 소원해져 있었다.

"어어~ 알아, 무슨 좋은 일 있나? 전화를 다 하고."

"하하하, 너 웃긴다. 네가 먼저 전화할 줄 알았더니 시치미 떼냐?"

"어엉? 무슨 일인데 그래."

"너 숨겨놓았던 여자 입원시켰잖아, 최연희라고."

"아아, 그 사람. 맞아, 불쌍한 여자야."

"아들이 보호자로 있는데 너랑 똑같더만."

"으응, 그렇게 되었어. 근데 그 환자 담당이냐?"

"그래, 내가 암센터에 있거든. 그래서 전화한 거야. 청년에게 어른 보호자는 없느냐고 물었더니 네 이름과 전번을 대더라고, 그래서 긴가민가해서 전화한 거야."

"그랬어? 아무튼 잘 부탁한다. 본인 말로는 위암 같다는데."

"하하하, 넘겨짚기는, 위암이 아니라 유방암이다. 위는 만성위염이야."

"그으래? 유방암이면 절제 수술해야잖아."

"그게 최선의 방법이지, 아직 유방암이 다른 데로 전이되지는 않은 것 같은데 확실하게 또 한 번 조직검사를 해야 한다."

"아, 천만다행이다. 생명하고는 관련이 적은 것 같아서 말야."

"하하하, 왜 생명하고 관련이 적어. 내 손에 달렸는데. 도대체 그 여자가 누구냐?"

"얘기가 길어, 오래전에 잠깐 사귀던 여자야. 나중에

내가 술 한잔 사면서 말할게."

"오 그랬어, 대충 감 잡았다. 아무튼 시간 없어서 대충 말하는데 오른쪽 유방암은 확실한데 조직검사를 더 해봐야 하고 왼쪽도 전이되었나 검사 더 해봐야 한다."

"그래 고맙다, 잘 부탁한다. 그런데 유방 절제하면 여자들에게 충격이라던데."

"그것도 벌써 옛날 말이야. 지금은 의술이 발달해서 절제하고 동시에 보형물 삽입한다. 처녀 때보다 볼륨도 더 크게 할 수 있어. 촉감도 좋아. 돈이 좀 들어가서 그렇지. 이러니 멀쩡한 젊은 여자들도 큰 유방을 갖기 위해서 보형물을 삽입하는 시대야."

"오호, 그렇구나. 그럼 거기까지 알아서 치료해주라, 돈 걱정 말고. 내가 진짜 단단히 한턱낼게."

"알았어. 일 진행되는 대로 연락할게."

"응, 고마워."

정말로 천만다행이었다. 위암보다는 유방암이 더 나은 편이고 생명에 덜 지장을 받는다. 게다가 유방 절제를 하고 보형물을 삽입하면 원래보다 더 좋아진다고 하니 세상 참 좋아졌다.

그리고 또 다른 의사에게 연락이 왔는데, 만성위염은 아파서 제대로 먹지도 못하고 싸구려 약과 진통제만 먹다 보니 위가 망가져 생긴 거라고 했다. 위암이 아니라서 천만다행이라는 것이다. 약 잘 먹고 식이요법을 병행하면 한 달 정도면 완쾌될 것 같다는 것이다. 이러면서 무엇보다 환자의 의지가 가장 중요하다고 했다. 환자의 의지는 주변사람의 관심(사랑)에 달려 있다는 것이다.

상철의 적극적인 관심에 동기인 오기환 의사는 곧바로 유방절제술을 시행하고 보형물을 삽입했다. 양쪽 유방을 모두 절제하고 보형물을 삽입했다. 총 2주간 정도 입원치료를 하면 된다고 하였는데 상철은 한 달만 더 있게 해 달라고 부탁했다. 만성위염을 치료하기 위해서였다. 그러면서 고급 영양제를 수액으로 맞게 했다.

상철은 이 중대한 사건을 시골 어른들께 전화로 알리고 토요일 오후에 두호와 함께 시골로 내려갔다. 상철이 부모님은 첫눈에 두호를 알아보고는 기겁을 하였다. 왜냐하면 상철이 젊을 때 모습과 똑같았기 때문이다.

"아이구, 내 새끼. 그동안 어디서 그 고생을 하다가 이제야 나타났느냐?"

어머니는 두호를 끌어안고 사설을 늘어놓으면서 울먹이셨고, 아버지도 곁에 와서 두호의 손을 잡으면서 말씀 없이 눈물을 닦아내야 했다. 남동생 희철이 내외도 왔는데 두호를 보자마자 "어~~ 형." 하면서 벌어진 입을 닫을 줄 몰랐다.

아버지는 어서 빨리 호적에 올리고 족보에도 올려야 한다고 말씀하셨다. 두호는 이런 부잣집의 손자라는 게 믿기질 않아서 어안이 벙벙했다. 마치 꿈을 꾸는 것만 같았다.

그날 저녁.

상철이 어머니는 제수씨랑와 도우미 아줌마와 함께 정성스럽게 저녁 식사를 준비하였다. 어머니는 두호를 옆자리에 앉히고는 어린아이 다루듯 이것 먹어봐라,

판박이 •

저것 먹어봐라 하고 찬을 챙겨주니 두호는 부끄럽기도 하고 당황스럽기도 하여 어쩔 줄 몰라 했다. 그렇게 밥을 거의 다 먹었을 때였다.

"얘, 두호야. 너 운전면허 있느냐?"

아버지가 느닷없이 두호에게 운전면허 있느냐고 물었다.

"예, 있습니다."

"운전 잘해?"

"여러 차종 몰아봤어요. 제대하고 알바로 대리운전도 했었거든요."

"그랬어? 그럼 잘 되었다. 내 차 가지고 가거라."

상철의 아버지가 타던 고급 승용차를 두호에게 주겠다는 뜻이다.

"아이구, 이 영감이 또 새 차 사고 싶어서 안달병 났네. 그냥 더 타요."

"아버지, 얘가 아직 직업도 없는 처지인데 그런 고급 승용차를 어떻게 타요. 타더라도 2000이나 1500정도로 타야지요."

어머니와 상철이 불가하다고 하니 아버지는 잠시 입을 닫으셨다. 타던 차를 두호에게 주고 신차를 사려던 것이 들통 났기 때문이다.

"허험, 그런가. 흐흠."

"아버지, 정 그러시다면 타시던 차를 중고차 매매상에게 넘기고 2000짜리나 1500짜리 소형차로 바꾸세요. 그러면 차액이 생깁니다. 그 차액을 신차 사는 데 보태면 일거양득이 되겠네요.

"허허허, 그런가, 네 말이 맞다. 그리 해야겠다."

이렇게 해서 두호는 생각지도 않게 차를 얻게 되었다. 얼마 후에 국민차라는 진주색 소나타를 선물로 받게 된 것이다. 출고된 지 2년밖에 되질 않고 주행거리도 짧아서 신차나 다름없었다.

이윽고 저녁식사를 물리고 이런저런 이야기를 하는데 대화에 끼지 못하던 두호가 자고 싶다고 하여서 전에 남동생 희철이가 쓰던 방으로 보냈다. 거긴 더블 침대와 책상, 컴퓨터가 그대로 있는 방이었다.

여기 이집은 건평 60평인데 정확히는 63평이라고 한다. 설계를 하다 보니 딱 60평에 맞출 수가 없어서 63평으로 지어진 것이다. 장손인 아버지가 집안에 큰일인 제사라도 지낼 때 여러 친지들이 오기 때문에 집을 아주 크게 지은 것이다. 방이 다섯 개에 화장실도 세 개나 되고 거실이 아주 널찍했다. 희철은 결혼 전까지 여기서 살다가 결혼하고 나서 분가해서 산다. 집이 크고 살림도 많은데다 어머니가 연로하셔서 가사 일을 다 돌 볼 수 없어서 가사 도우미가 와서 도와주고 있었다.

이런저런 대화를 하다가 내용이 자연스럽게 두호와 며느리(두호 엄마) 이야기로 전개되었다. 며느리는 호적에는 올리지 못하지만 여태껏 두호를 키운 공을 생각해서라도 응분의 보답이 있어야 한다는 게 부모님과 상철이의 생각이었다.

"그 여자 생각할수록 불쌍해요. 지금도 반지하방에서 사는데 들어가자마자 퀴퀴한 냄새에 채광도 되지 않아 굴속 같더라구요. 그러다가 중병에 걸린 거지요."

"그러게 말이다. 요즘 세상에 그런 열녀가 어디 있겠

느냐? 조선 시대에도 그렇게 절개 굳은 여자는 드물었을 게다."

"예, 정말 안타까워요. 애가 생기자마자 마담이 지우라고 그렇게 성화를 했는데도 지우지 않고 낳아서 키웠다고 하데요. 듣고 보면 눈물만 나와요. 제가 너무 무심했어요."

"이게 다 사주팔자 탓이다. 그 여잔 전생에 무슨 죄를 지었길래 수십 년간 지아비를 기다렸단 말이냐."

어머니도 안타까워 어쩔 줄 몰라 하시다가 그게 다 사주팔자 탓으로 돌렸다.

이렇다 할 해결책이 없이 말이 겉돌다가 아버지가 제안을 하셨다.

"손자도 내 자식이고, 혼인신고 못하는 며느리도 내 자식이다. 그동안 24년간이나 여자 혼자서 양육한 것은 세상사에 드문 일이다. 우리가 그에 맞는 보상을 해야 한다. 지난 세월을 보상할 수는 없겠지만 앞으로 남은 인생이라도 보상해줘야 한다."

이렇게 근엄하게 말씀하시니 모두들 감동했다.

"고맙습니다. 아버지."

판박이 •

이제 눈물이 마를 때가 되었는데도 불구하고 상철이의 눈가에 눈물이 또 얼룩졌다.

"상철이는 아무래도 에미(며느리)의 눈치를 봐야하기 때문에 자유롭지 못할게다. 내가 아직은 몸이 성하고 비축해둔 돈도 있으니 두호 식구는 내가 도움을 주마."

"아이구, 툭하면 허튼소리나 해쌌터니 오늘은 바른 말을 다 하시네요."

어머니도 감격하여 한마디 하시고 희철이 내외도 좋다고 수긍을 하였다.

아버지는 우선 평생 살 수 있도록 아파트 한 채를 사주고 매달 생활비를 대주겠다고 하셨다.

"상철아, 그럼 두호는 앞으로 어떡한다냐?"

"두호요? 오다가 넌지시 물어보니까 머리도 좋고 공부도 잘했다는데 돈이 없어서 대학교에 들어가지 못했다고 합니다. 그래서 내가 그럼 기회가 되면 공부해서 대학에 들어갈 테냐고 물어보니 그렇게 하겠다고 합니다. 그래서 두호 에미가 퇴원하고 생활이 안정되는 대로 입시학원에 보내려고 합니다. 저도 3년이나 늦게 시작했는데 아무 상관없습니다. 몇 년 늦게 시작해도 성공만 하면 되니까요."

"오, 그거 잘되었다. 한눈에 보아도 너와 똑같다만. 영리해 보여. 대학에 들어간다면 학비도 내가 다 대주마."

"예에? 아이고 고맙습니다. 하지만 저도 그 정도의 여력은 있어요."

"그럴 테지. 그럼 그건 나중에 얘기하자."

"예."

정말로 아버지는 상철이네 집안의 신(神)이었다. 신은 그들에게 해준 게 없지만, 아버지는 모든 것을 다 해결해 주고 있었다.

다음날 서울에 올라온 상철은 두호에게 몇 가지 지시를 했다.

"우리 사는 데가 신승동 정다운 아파트이다. 단지가 커. 우리 집은 3단지인데 앞으로 시간 되면 집에 와볼게다. 너에게 이복 여동생이 둘이나 있다. 네가 살던 반지하방은 매물로 내놓고 정다운 아파트 5단지에 평수가 조금 작은 25평이나 32평 아파트가 있는데 거길

판박이 •

사려고 한다. 너도 알다시피 난 시간이 없으니까. 네가 5단지로 가서 매물로 나온 아파트를 알아봐. 부동산 중개업소에 가면 즉시 알아, 단지가 커서 이사 가고 오는 사람들도 많을 거야. 요즘은 매물로 내놓을 때 내부 수리 인테리어 싹 다시 해서 매물로 내놓는 경우가 많더라. 그러니 잘 알아보고 직접 아파트까지 올라가서 확인해봐. 마음에 드는 집이 있으면 나에게 연락하면 된다."

"예, 고맙습니다. 아버지."

두호는 너무 고마워서 고개를 들지를 못하였다,.

이러는 중에 애니는 유방 절제술을 받고 보형물을 삽입했다. 통증이 많을 텐데 요즘은 좋은 진통제가 많아서 참을 만하다고 했다. 상철은 가보고 싶은 생각이 간절하였으나 아내가 어떻게 나올지 몰라서 조용히 있어야 했다. 자칫하다가는 지금 행복한 이 가정에 풍파가 생길 수도 있기 때문이다.

곧바로 두호에게 연락이 왔다. 5단지에 내부 수리가

된 빈 아파트가 두 채 나왔는데 제일 꼭대기 층인 18층과 5층이라고 했다. 둘 다 32평이라고 했다. 싱칠은 즉시 둘 중에 하나를 선택하는데 엄마(애니)에게 물어보라고 했더니 애니는 18층이 마음에 든다고 연락이 왔다. 그도 그럴 것이 이십년 넘게 반지하방에서 생활했으니 하늘이 보이고 시야가 탁 트인 곳을 얼마나 갈망했을까.

상철은 시골 아버지에게 연락하고 아버지는 두호에게 직접 연락하면서 매입하겠다고 하셨다. 며칠 뒤에 상철의 아버지가 상경해서는 두호와 함께 아파트를 가보고 계약을 했다. 명의자는 두호로 했다. 두호는 평생 만져보기 어려운 시가 5억짜리 아파트를 할아버지 덕분에 갖게 되었고 이 소식은 즉시 엄마에게 알렸다. 애니는 또 눈물을 흘리면서 감사해야 했다. 얼굴도 모르는 시아버지에게 이렇게 큰 은혜를 입다니 고개가 저절로 숙여졌다.

"두호냐? 아버지다. 아파트 매입했지?"
"예. 너무 감사합니다."

두호는 감격스러워서 울먹거리면서 대답을 했다.

"그래, 그런 마음을 갖고 살면 된다. 그리고 새 아파트 내부의 크기를 좀 재어봐라. 방 세 개라지, 그러니까 각 방마다 가로세로, 거실 가로세로. 이렇게 줄자로 재고 A4용지에 대충 그려서 폰카로 찍어서 보내라."

"예, 거기다 뭘 하시게요?"

"응, 가재도구 일체를 새로 장만한다. 지금 쓰던 것은 다 버려. 아주 중요한 소지품만 가지고 이사 가."

"아 예. 그렇게 하겠습니다."

얼마 후 대충 그린 아파트 도면 사진이 폰카로 왔다.

그날 저녁.

상철은 후배가 운영하는 혼수업체 사장을 불러서 병원 근처 커피숍에서 만났다.

"전 사장, 여기 도면에 맞게 가전제품, 가구 등 일체를 세트로 준비해 봐."

"예에? 세트로요? 누가 결혼하나요?"

"결혼은 아닌데 신혼 혼수처럼 새것으로 바꾸려고, 새집에 들어가니까 헌것들은 버리고 새것으로 바꾸려고 그래."

"아이구야, 저야 좋지만 이렇게 세트로 하면 돈이 꽤 들어갑니다. 요즘은 가전제품에 돈이 왕창 들어가요."

"그럴 테지. 가구값도 만만치 않을 텐데."

"그럼 가구도 일체 바꾸나요. 장롱도 꽤 비싸요. 아니 천차만별이죠."

"하하하, 그럴 테지. 그런데 꼭 장롱이 필요한가. 요즘은 방안에 드레스 룸을 꾸미는 집도 있다던데. 그렇게 하면 안방을 넓게 쓸 거 아닌가?"

"그렇지요. 하지만 드레스 룸을 꾸미려 해도 돈이 꽤 들어가요. 그건 인테리어 업체에 맡겨야 하는데 사오 일 걸립니다."

"그런가? 아무튼 견적을 내보게. 여기 도면이 있으니까 여기에 맞추면 돼."

"예, 예."

이렇게 해서 몇 가지를 더 상의한 다음 최종 결론을 내렸다. 방이 세 개니까 가장 작은 방은 드레스룸 및 창고용으로 쓰고 안방과 거실을 넓게 쓰게 가전제품과 가구를 배치하기로 했다. TV는 두 대를 놓기로 했다.

거실에는 저렴하면서 효율적인 55인치, 안방은 50인치로 하고, 냉장고, 세탁기, 김치 냉장고, 가스레인지, 전자레인지 등 일체를 구비하고 침대는 방 두 개에 모두 더블로 들어가고 방 하나는 공부방으로 꾸며서 책상과 책꽂이도 들이기로 했다. 최신식 데스크 탑 컴퓨터도 놓기로 했다.

아무튼 살림 일체를 새것으로 하고 짐이 들어갈 때는 두호와 연락하라고 전번을 알려주었다. 이런 제품은 이미 다 구비되어 있던 터라 다음다음날 오전 10시경에 짐차 두 대와 인부 네 명이 와서 우르르 설치하고 떠났다. 모두 새것이라 초호화판이었고 이를 지켜보는 두호는 입을 다물 줄을 몰랐다.

애니가 입원한 지 3주째 되는 토요일.
그동안 애니는 유방암 수술을 하여 유방 제거 및 보형물을 삽입하고, 악성 위염치료도 순조롭게 진행되어 이제 더 이상 배가 아프지 않게 되었다. 게다가 고가의 영양주사를 맞아서 몸과 얼굴이 하루가 다르게 변모되었다. 홀쭉하게 들어간 양 볼은 이제 도톰하게 나와서 애교 볼살이 되었고 파리했던 입술도 혈색이 돌아서 앵두빛을 띠게 되었다. 애니는 이제 더 이상 행복할 수가 없다고 좋아했다. 게다가 두호에게 듣기로 아파트도 사고 가전제품 일체도 새것으로 들여와서 신혼 살림집과 똑같아졌다니 이보다 더 좋을 수가 없었다.

상철은 아내에게 병문안을 가겠다고 어렵게 입을 떼었다.

"입원시키고 수술해서 치료가 잘 되었다는데 한 번도 못 가보았어. 도리상 한번이라도 병문안을 가봐야 할 것 같아."

상철은 아내의 눈치를 살피면서 이렇게 말문을 열었다.

"가봐야지요. 자기 말대로 인두겁을 썼다면 최소한 사람 노릇이라도 해야지요. 불쌍한 여자요. 조선시대에도 그런 여자는 없었을 겝니다."

아내가 의외로 호의적으로 나와서 상철은 고맙다고 하고선 오후에 병원을 나섰다. 토요일이라 오후 2시까

판박이 •

지 진료를 하기 때문이다.

상철은 병원과 가까운 젊은이들 옷을 주로 파는 의류점에 가서 캐쥬얼 옷 한 벌을 샀다. 바지와 블라우스를 산 것이다. 애니에게 이 옷을 입히면 아주 예쁠 것 같았다.

병실문을 열자 애니가 TV를 보다가 고개를 돌렸다.

"아~ 술탄 씨~"

애니는 어린아이처럼 뛰어서 상철에게 다가왔고 상철은 그런 애니를 얼른 껴안았다. 왜 그런지 둘은 또 눈물을 글썽이었다. 마침 3인실 병실에 둘은 나가 있고 애니 혼자였다.

"괜찮아? 수술 잘 되었다고 들었어."

"응, 고마워, 가슴이 더 커져서 젖소 부인이 되었어. 호호호."

"그래? 좋은 현상이네. 아참 지금 붓기가 있어서 더 커져있다고 하더만, 붓기가 좀 빠지면 보기 좋을 거야."

"호호호, 그래야지. 지금은 너무 커."

이어서 상철은 쇼핑백을 건넸다.

"이거 입어, 이거 입고 나가자."

"뭐어? 나가도 되나?"

"응, 외출 허락받고 왔어, 사실 지금은 나이롱 환자거든."

"그게 무슨 말이야?"

"수술 후 2주만 입원해도 된다는데 내가 부탁해서 4주 입원 시켜달라고 했어. 만성위염도 고치고 영양 주사도 맞게 해달라고 했어."

"그랬어? 어쩐지 간호사가 농담처럼 '이거 비싼 주사예요.'라고 말하더니. 고마워. 이 신세를 어떻게 갚나."

"신세는 내가 갚아야지. 애니는 이제 받기만 하면 돼."

"호호호, 그런 경우가 어디 있어. 너무 감동받아서 자꾸 눈물이 나네."

"괜찮아, 이제 거칠고 척박한 땅을 지나서 파라다이스에 온 거야. 고진감래(苦盡甘來)라는 말이 있잖아."

"아무리 그래도, 난 이대로 앓다가 죽는 줄 알았는데 구세주네. 물에 빠져 죽어가는 사람 살려주었잖아."

"아이참, 너무 과대포장 하지 말고 어서 옷 갈아입고

나가서 저녁 먹고 들어오자."

"응."

옷을 갈아입은 애니는 세월의 티가 조금 났지만 영
락없이 여대생처럼 보였다. 애니는 마냥 좋아하였는데
그 모습이 마치 어린 딸들에게 새 옷을 사주었을 때와
비슷했다.

상철은 애니를 태우고 유명한 H대학교 근처 먹자골
목에 있는 로마 레스토랑으로 데려갔다. 여긴 상철도
처음 와보는 곳이었다. 인터넷으로 맛집을 검색해보니
실내 장식도 잘 되어있고 룸도 있다길래 온 것이다. 이
제 중년의 상철과 애니는 과거로 돌아가 대학생들처럼
시간을 보내기 시작했다. 와인도 마시고 최고급 비프
스테이크도 잘라먹었다. 애니는 이런 데 처음 온다면
서 싱글벙글하면서 즐거워했다. 애니는 아직 환자 신
세이기 때문에 와인 반 잔만을 마시었는데 양 볼이 연
지를 바른 듯 불그스레했다. 상철은 흐릿한 조명 아래
애니를 보니 예전 다방 생각이 떠올랐다. 상철은 저절
로 자리를 옮겨서 애니 옆에 앉았고 둘은 깊은 키스를

나누었다.

"사랑해~"

"사랑해~"

둘이 할 말은 이것밖에 없었다.

"퇴원하고 뭘 할 거야? 집 이사 가는 거 알지?"

"응, 두호에게 얘기 들었어, 신승동 정다운 아파트 32평이라고 하대, 맞아?"

"응, 거기야, 나도 거기서 살아, 3단지고 애니는 5단지야,"

"그렇게 가깝게 살다가 부인과 풍파 생기는 거 아냐? 그러면 안 되는데."

"우리 와이프 처음엔 화를 내더니 지금은 다 이해해. 사람 좋아. 요즘 세상에 이런 열녀가 어딨냐고 감탄하고 있어. 앞으론 두호와도 왕래해야 하는데 가깝게 지내야지."

"그랬어? 불보살(佛菩薩: 부처와 보살을 아울러 이르는 말)이네."

"맞아, 진짜 내가 처덕(妻德)은 있는 모양이야."

"그런 거 같아, 옛 애인 덕도 있잖아, 아들 다 키워놓으니까 데려가잖아."

"하하하, 그런 셈이네. 아무튼 고마워, 사실은 내가 뒤늦게 결혼해서 딸만 둘이라 시골 부모님들이 아주 서운해 하셨어. 아들 하나 더 낳으라는데 그게 마음대로 되나. 그렇게 둘 낳고 단산(斷産)했는데, 이번에 두호를 데려가니 무지하게 좋아하시는 거야. 아파트도 아버지가 사주신 거야."

"그랬어? 난 술탄 씨가 사주는 줄 알았는데."

"아냐, 거기 가전제품하고 살림살이는 내가 샀어. 혼수업체 운영하는 후배를 불러서 아파트에 맞는 일체의 살림을 다 갖다 놓으라고 했지. 굉장할 거야. 나도 아직 안 가보았어."

"두호가 봤잖아, 놀라서 자빠지려고 해. 난 평생 두더지 생활하다가 갈 줄 알았는데 최고 전망 좋은 18층에 새살림을 갖게 되었으니 신혼부부 부럽지 않아. 정말야."

"그럴 거야, 신접살림처럼 다 꾸몄으니까."

둘은 바로 옆자리에 앉아서 소곤소곤 도란도란 이야

기꽃을 피웠다.

"부모님은 건강하신가? 그때 아버님께서 편찮으시다고 하더니."

"그때 그랬지, 아버지 얼마 못 사시고 돌아가셨어, 화병이 악화되어서…. 따지고 보면 내 탓이야."

"왜?"

"생각해봐. 시집도 안 간 젊은 년이 임신해서 집에 갔었으니 노발대발하시다가 악화된 거야."

"으음, 그러셨을 것 같아. 정말 미안해."

"지난 일인데 할 수 없지, 다행히도 엄마는 아직 정정하셔."

"그래? 불행 중 다행이네."

"그러게. 지나고 보니 내가 너무 경거망동(輕擧妄動)했어. 무작정 상경해서 돈 벌겠다고 한 게 잘못이야. 첫 단추를 잘못 끼운 격이지. 내 여동생도 공불 잘했는데 걘 진짜로 정도(正道)로 갔어. 여고 졸업하자마자 회사에 취직해서 얼마동안 다녔거든, 그러다가 공무원 시험에 도전해서 지방공무원에 합격하여 근무하는데 여기저기서 혼담이 들어오는 거야. 그러다가 같은 공무원을 만나서 결혼했지. 지금 잘 살아. 그 아래 남동생은 성적이 조금 안 좋았는데 제대하고 어찌어찌하여 119구급대원이 되었어. 그리고 얼마 후 참한 여자를 만나 결혼했어."

"오, 그랬구나. 동생들은 언니나 누나처럼 되어서는 안 되겠다고 맹세한 모양이지."

"호호호, 그런가봐, 근데 그 남동생이 결혼하게 된 계기가 재미있어."

"뭔데? 말해봐."

"하루는 어떤 여자가 다급하게 집에 뱀이 들어왔다고 신고를 한 거야. 그래서 구급대원 둘이서 출동했는데, 거기가 1층에 있는 미용실이래, 여자가 미용실에 들어가지도 못하고 밖에서 벌벌 떨고 있는데 남동생이 동료랑 들어가서 젓가락만 한 실뱀을 잡았대. 나 원 참 기가 막혀서."

"하하하, 여자라면 무서웠겠다. 그래서?"

"아무튼 그 사건을 계기로 남동생이 머리 깎으러 거길 드나들었나봐. 그러다가 눈이 맞은 거야. 지금 아들

하나 딸 하나 낳고 잘 살아. 둘 다 나보다 낫지."

"으응, 그랬구나, 너무 자학(自虐: 자기를 스스로 학대함.)하지 마,

"고마워, 내 운명이 이런 걸 누굴 탓해. 내가 이렇게 전쟁 난민처럼 살고 있으니까 형제들이 도움을 주었어."

"뭔데?"

"어머니와 동생들이 추렴해서 여기 반지하방을 사준 거야. 맏딸인 나는 아무런 도움도 주지 못했는데 형제들에게까지 신세를 져야 했지, 따지고 보면 어머니가 우릴 살려주셨어. 그때부터 지금까지 양식을 보내주셨으니까. 그 덕분에 굶어 죽진 않은 거야."

"우애 있는 집안이네, 앞으로 신세 진 것을 갚으면 되잖아."

"그렇게 되면 얼마나 좋겠어. 하지만 살아 보니 세상사가 내 뜻대로 되지 않더라구."

"앞으론 될 거야, 너무 상심하지 마."

"아무튼 고마워."

애니는 진심으로 상철에게 고마워 하였다.

판박이 •

"퇴원하면 뭐 할 거야? 이제 일하러 안 나가도 돼."

"글쎄, 하고 싶은 것은 많은데…."

"뭔가 말해봐, 내가 들어줄 수 있는지."

"남들에겐 아주 평범한 것인데 나에겐 하늘에 별 따기만큼이나 어렵네. 전생에 죄를 많이 지어서 그런가?"

"뭔데 그래? 어서 말해봐."

"아무거나 말해도 돼? 괜히 걱정거리만 안기는 것 같아. 그냥 살아야지 뭐."

"내가 들어줄 수 있으면 들어주고, 못하는 것은 못하는 것이니까, 말해봐, 말한다고 닳아서 없어지는 건가?"

"호호호, 닳아서 없어지는 거 아냐, 그럼 말한다."

"어서 말하라니까."

"남들에겐 아주 평범한 거야, 나에겐 어렵지만…. 그럼 말한다. 첫 번째는 남들처럼 웨딩드레스 입어 보는 것이고, 두 번째는 남들처럼 대학에 들어가는 거야. 나도 가고 우리 두호도 가고. 그리고 세 번째는 남들처럼 전망 좋은 아파트에서 살아보는 것인데 이건 해결되었네."

"그거야? 그럼 지금부터 하면 되지. 할 수 있어. 웨딩드레스 입고 결혼식 올리고 신혼여행도 가자. 와이

프도 다 이해할 거야.”

“호호호, 안 돼. 잘 살고 있는 집 깨트릴 수는 없어. 평지풍파(平地風波)를 일으키면 안 돼, 내가 조용히 살면 모두 마음이 편한 거야. 내가 하고 싶다고 남에게 피해를 주면 안 돼.”

“하이 참, 내가 잘 설득할게. 겨울에 식을 올리자. 호적에만 못 올리지 나머지는 다 할 수 있어. 그리고 대학교 가겠다면 공부해. 두호도 공부한다고 해서 학원 보내주기로 했어. 머리가 좋다니까 금세 따라잡을 거야. 같이 다녀. 아참, 전에 국문학과에 가서 고전문학을 전공하고 싶다고 했지. 할 수 있어. 일류대에 못 가면 어때, 이류 삼류대라도 갈 수 있어.”

“그렇다는 얘기야, 내 나이가 몇인데. 이제 조용히 지낼 때가 왔어. 지금 당장 병들어 죽는 줄 알았다가 살려준 것만도 감지덕지야. 너무 신경 쓰지 마.”

“아냐 잃어버린 세월을 내가 보은해야 해.”

“호호호, 너무 거창하게 나가네. 내가 타고난 팔자가 이런 건데 할 수 없지. 이렇게 살려준 것만 해도 다 갚은 거야."

상철과 애니는 사랑의 말다툼을 하고 있었다. 잠시
후 상철은 너무 오래 있으면 안 된다면서 대리운전을
불러서 애니를 병원에 데려다주고 집으로 돌아왔다.

"괜찮아? 수술 잘 되었어?"
"응, 괜찮아, 얼굴에 살이 좀 올랐네."
상철은 예뻐졌다고 말을 하려다가 급히 말을 바꾸
었다. 여자들 특유의 질투가 생길까봐서였다.

일주일 후, 애니는 퇴원했다. 두호는 할아버지가 주
신 소나타에 엄마를 태우고 아파트로 갔다. 애니는 아
파트에 들어서는 순간 온몸이 마비되듯 옴짝달싹을 하
지 못했다. 전망 좋은 18층에 모든 살림이 새것이었다.
가구, 가전제품은 물론이고 침대와 이불이며 부엌살림
도 모두 새것이었다. 애니는 이보다 더 좋을 수는 없다
면서 울다 웃다를 반복했고, 두호도 마찬가지였다.

곧바로 두호는 학원에 다니기 시작했고, 애니도 또 다른 입시학원에 다니기 시작했다. 그때쯤 해서 법원으로부터 개명 허가를 받아서 최두호는 현두호가 되었고, 상철은 관련 서류를 가지고 호적에도 올리고 복사본을 아버지에게 우편으로 보냈다. 하지만 아버지는 족보를 만드는 시기는 아니어서 다음으로 미룬다고 했다. 머리가 좋은 애니와 두호는 금세 실력이 늘어나기 시작했다.

그해 초겨울 애니는 KM대학의 국문학과에 합격했다. 이 학교는 나이 먹고 직장생활을 한 사람들에게 특별 혜택을 주는 학교이다. 다행히도 애니의 고등학교 성적이 매우 우수했기에 학교에서 우선 합격시킨 것이었다. 애니는 뛸 듯이 기뻐했다.

이러는 한편으로 상철은 아내와 상의해서 두호를 한 달에 두 번 정도 오게 하자고 했더니 아내도 좋다고 했다. 어차피 이렇게 되었는데 싸워서 해결될 일도 아니고 부정해서 될 일도 아니었다. 두 딸(나영, 다영)에겐 이복 오빠라고 소개했는데 아이들이라 이복이란 말의 뜻은 잘 몰랐고 그냥 오빠였다.

어느 날 중1인 큰딸(나영)이 수학 문제를 두호에게 물어보았는데 두호는 아버지를 닮아서인지 수학 문제를 아주 쉽게 설명하면서 풀이해주었다. 큰딸은 선생님보다 백배는 낫다면서 매우 좋아하였다, 이러다 보니 한 달에 두 번 오겠다는 두호는 매주 토요일마다 와서 여동생의 과외지도를 해주게 되었다.

5월에는 어린이날이 있는데 이 해는 화요일이었다. 그동안 상철의 두 딸은 사바나랜드에 가서 동물구경도 하고 놀이기구도 타보자고 하였는데 이상하게 해마다 무슨 일이 생겨서 미루고만 있었다. 그런데 금년에도 같은 일이 반복되고 있었다. 상철은 일본에 가서 세미나에 참석해야 했고, 아내는 국내에서 진행되는 학회에 참석하게 되어있었다. 정말로 공교롭게 날짜가 그렇게 된 것이다.

"이를 어쩌나, 금년에도 애들 데리고 사바나랜드에 못 가게 생겼네."

"그러게. 벌써 몇 년째 미루고만 있으니 거짓말쟁이가 되었어."

"아이 참, 이럴 때 삼촌이라도 있으면 얼마나 좋을까. 아 참, 두호가 있지."

아내가 보물이라도 발견한 것처럼 말했다.

"어어~ 그래, 두호가 차도 있으니 데리고 갔다 오라면 갔다 올 거야.

"그래요. 어서 전화해봐."

"어엉, 그럴게."

상철은 곧바로 두호에게 전화했더니 어린이날 아침 일찍 차를 가지고 온다고 하였다. 두 딸은 엄마아빠가 아니라 두호 오빠가 데려간다니까 더 좋아하였다.

어린이날 아내는 정성스레 음식을 준비해서 두 딸과 함께 보냈다. 두호는 잘 다녀오겠다는 인사를 하고는 떠났다. 사실 두호도 처음 가보는 곳이었다. 그동안 워낙 궁색하게 살다 보니 가볼 엄두도 내지 못하였다. 그런 두호였기에 두 동생과 함께 동물도 구경하고 사파리 차도 타고 여러 가지 놀이기구를 타면서 목이 터져라 소리도 질렀다. 그렇게 셋은 하루해를 보냈다.

아무튼 이러한 일을 계기로 두호는 상철이네와 점차 가까워지게 되어서 이제 한 가족처럼 되었고 상철의 아내도 아들을 얻은 양 매우 좋아하였다.

그해 겨울 12월 24일.

애니는 웨딩드레스를, 상철은 결혼예복을 입었다. 혼인신고는 못하지만 뒤늦게나마 결혼식을 올린 것이다. 아주 가까운 친척과 친구만 부른 단출한 결혼식이었으나 애니는 마음이 하늘만큼 부풀었다. 삼십여 명 남짓의 하객들은 이들을 보며 울음과 웃음이 범벅이 되었다. 둘은 겨울엔 따뜻한 남쪽나라가 최고라고 하여 사박육일 일정으로 태국 푸켓으로 신혼여행을 떠났다. 이 모든 게 도량이 넓은 상철의 아내 덕분이었다. 상철이 아내는 애니를 마음속으로 깊이 존경하고 있었고 조금이나마 행복하게 해주고 싶었다.

24년 만에
올리는 결혼식

일 년이 지난 다음해 12월.

두호가 입시학원에 다닌 지 2년 만에 Y대학 의과대학에 합격하였다. 두호와 애니, 상철과 아내도 미칠 듯이 좋아하였다. 서웅 고등학교는 개교 이래 최대의 성과라면서 교문에 커다란 축하 플래카드를 내걸었다. 시골에 계신 할아버지는 크게 감격을 하고는 아는 사람들 사십여 명을 큰 식당으로 초대해서 아들자랑 손자자랑을 하였다. 이렇게 해서 상철과 두호는 부자지간이자 선후배가 되었다.

한동안 비틀렸던 운명의 수레바퀴는 이제 제자리로 돌아왔다.